数字媒体艺术设计系列教材

数字影像拍摄基础

SHUZI YING XIANG PAISHE JICHU

刘宏江 编著

同济大学出版社
TONGJI UNIVERSITY PRESS

内容提要

本书是为了适应数字时代影像艺术的发展趋势和多媒体设计专业的发展，以及高校设计教育改革的需要而编写的。全书共分8章，主要内容包括：影像技术的起源与发展，数字影像的拍摄器材，影像的曝光，影像的用光，画面及构图，影像的镜头运用，数字影像的后期处理，数字摄影摄像创作以及影像作品欣赏等。本书紧跟摄影摄像课程整合的教改趋势，体现了技术性和艺术性的结合，知识性与可操作性兼备，具有较强的实践性。

本书可作为高等院校教育技术、数字媒体专业及其他相关专业摄影摄像课程教材和高校摄影技术类公选课教材，也可供广大从事数字媒体创作及广大摄影摄像爱好者阅读参考。

图书在版编目(CIP)数据

数字影像拍摄基础/刘宏江编著. --上海：同济大学出版社，2016.5

ISBN 978-7-5608-6107-4

Ⅰ.①数… Ⅱ.①刘… Ⅲ.①数字照相机—摄像技术—高等学校—教材 Ⅳ.①TB86

中国版本图书馆CIP数据核字(2015)第297229号

数字媒体艺术设计系列教材

数字影像拍摄基础

刘宏江 编著

责任编辑 陈佳蔚 **责任校对** 徐春莲 **封面设计** 潘向蓁

出版发行 同济大学出版社 www.tongjipress.com.cn
(地址：上海市四平路1239号 邮编：200092 电话：021-65985622)
经 销 全国各地新华书店
印 刷 上海丽佳制版印刷有限公司
开 本 787mm×1092mm 1/16
印 张 11
印 数 1—2100
字 数 275000
版 次 2016年5月第1版 2016年5月第1次印刷
书 号 ISBN 978-7-5608-6107-4

定 价 46.00元

丛书编委会

序

Preface

数字媒体是一个新兴的和科学技术密切相关的产业，源于文化、艺术和技术的交叉、融合，它的迅猛发展已经对当今人类社会产生了深远的影响，"文化为体，科技为媒"是数字媒体的精髓。在当前 Ubiquitous Digital Media 环境下，在建设创新型国家的时代背景和国际人才竞争的大格局下，高校数字媒体艺术专业教育的特点是培养具有创新意识和"跨界"综合能力的高素质创新型数字化人才。

作为国内最早成立的中外合作数字媒体艺术专业，上海工程技术大学中韩多媒体设计学院在十余年的教学科研中，总结了一套行之有效的国际化数字媒体艺术设计人才培养方法，为了将多年的教学成果和研究成果服务于社会，为了使读者进一步掌握数字媒体艺术设计理论和技能，我们组织了一批在数字媒体艺术设计教学和研究第一线，具备丰富的数字媒体教学经验的教师撰写了本系列教材。

本系列教材现有五册，以培养"国际化、复合型、素质高、能力强"的"艺·工"交融型数字媒体艺术设计人才为宗旨，注重理论联系实践，以系统性，基础性和应用性为核心理念，跟踪国内外数字媒体领域的最新研究成果，通过大量案例分析，多角度全方位地对数字媒体艺术设计流程进行系统的梳理，力求在实践的基础上进行归纳和提炼，主要面向高等学校数字媒体艺术相关专业教学，同时也适合数字媒体艺术设计的从业人员和爱好者阅读，具有较强的实用价值。总体来说，本系列教材体现出以下几个方面的特点：

1. 以系统方法论为组织编写的思想基础

作为新世纪的朝阳产业，人类科技与生活日新月异的变化使得数字媒体领域的知识体系、学科范畴、学科方法论、核心课程体系等都在不断地更新与变化，作为数字媒体艺术专业的教材必须适应学科特点，因此在本系列教材的组织编写中运用了系统方法论的思想作为指导，重视理论体系架构的完整性和鲜明性，同时五部教材彼此关联互补，兼顾数字媒体艺术和数字媒体技术领域的知识，形成一个可持续发展的有机整体。可以使读者综合了解数字媒体领域中各个环节所需要的技能技巧，体会艺术和技术在数字媒体学科中不可分割的密切关系。

2. 以培养具有国际视野的“艺・工”交融型人才为导向

本系列教材内容丰富，信息量大，依托上海工程技术大学中韩多媒体设计学院十多年中外合作办学的优势，编写教师们从国外带回了数字媒体领域的先进理念，汲取了国际国内最新的研究成果，精选了兼具艺术欣赏性和技术先进性的案例进行深入浅出的分析。整套教材紧紧围绕“国际化、复合型、素质高、能力强”的“艺・工”交融型数字媒体艺术设计人才培养目标，建设21世纪的数字媒体艺术专业教材体系。

3. 注重理论联系实践

本系列教材强调理论联系实际，注重理论的实际运用，以及实际案例的可操作性，师生可以参照书中案例进行实际的练习，同步提升学生的“知识”与“能力”。

本系列教材在编写过程中参阅了大量的中外文献，内容广泛借鉴了本领域内众多专家和学者的观点和见解。在此向国内外有关专家和作者表示衷心的感谢。

由于编者水平和时间所限，如有错误和遗漏之处，敬请读者提出宝贵意见。

唐幼纯

2015年9月

于上海工程技术大学

前　言

Foreword

自人类发明了取代绘画的方式将视觉影像即时保存下来的技术以来，这个世界发生了巨大的变革。它拓展了我们的视觉世界，也延展了我们的眼界。随着科技不断的飞速发展，数码时代的到来带给摄影艺术许多冲击，同时也带来了更大的发展空间。从摄影技术的发明到摄影艺术的蓬勃发展，再到今天数字时代的飞跃，没有哪个时期的摄影摄像技术像今天这样普及。人们的生活中处处都有影像，影像不仅带给我们美好的视觉享受，帮助我们探索更奇妙的世界，同时也深深地影响着每一个人的生活。摄影与摄像的学习是技术与艺术的完美融合，我们需要在掌握一定的技术基础之后再从审美和艺术层面不断地摸索和升华，才能领悟影像艺术中的奥秘与精髓。

本书将数字摄影与摄像基础学习的知识有机地整合在一起，从器材介绍到拍摄技术起步，逐步学习影像的构图、画面和影像拍摄、创作、欣赏，为初学者提供一个数字拍摄基础的知识框架。让学习影像拍摄的人们能够较快地进入美妙的影像世界里。

由于本书编写较为仓促，书中如有不足之处，望广大读者批评指正！

刘宏江

2016年5月

目录

序

前言

第1章 影像技术的起源与发展

1.1 摄影概述

1.1.1 摄影的起源与发展

摄影术产生至今，已近200年的历史。据资料记载，世界上第一张照片是法国人约瑟夫·尼塞弗尔·尼埃普斯在经过13年的反复试验后，于1826年拍摄的他住房窗外的景况（图1-1）。他把一块涂有能感光的沥青层的白蜡板放置在暗箱里，把暗箱固定在他的工作室的窗口，曝光了8个小时，再经过熏衣草油的冲洗，获得了人类拍摄的第一张照片。

图1-1 《窗外的屋顶》（1826年）

后来，他与画家路易·科克·曼得·达盖尔合作，继续进行摄影术的研究。在尼埃普斯于1833年去世后，达盖尔又做了5年的实验与研究补充，先后发明了银版法和定影法，并于1839年8月19日在法国科学院和美术院举行的联席会议上将其公布于世，称为“达盖尔摄影术”，又叫银版法摄影术。它是将镀银的铜板用碘蒸气制成碘化银，使镀银版具有感光性，用 f11 口径的镜头进行拍摄，在阳光下曝光 5～12 分钟，曝光后用水银蒸气使潜像出现，然后用大苏打液定影，再用蒸馏水洗净，最后得到一幅照片（图 1-2）。

图 1-2 《工作室一角》（达盖尔 摄）

达盖尔因银版法成为举世公认的摄影术发明人。银版法作为一种实用可行的摄影方法，虽然价格昂贵，但影像质量极为精细，自公布于世，便迅速在欧美应用，直到 19 世纪 50 年代的胶棉湿版工艺出现之前，一直是最主要的摄影技法。在达盖尔将他的方法公之于众后的两年时间内，其他人对这一方法提出了一些小的改进：在用作光敏材料的碘化银中加入溴化银。这一微小的变化对于大大减少必须的曝光时间起了很重要的作用，因而使得用摄影术产生图像变得实用。银版法在摄影史上具有重大意义。正是银版法的发明和问世，才使摄影得以成为人类在绘画之外保存视觉图像的新方式，由此开创了人类视觉信息传递的新纪元。

摄影取代了绘画的主要功能——记录影像。摄影的诞生是向绘画的挑战，它迫使绘画向不同定位的视觉形态转换。摄影的诞生引发了摄影是否为艺术的争论。摄影与绘画最终经历了：绘画视摄影为其附庸—摄影以绘画为范本—绘画向摄影学习—绘画和摄影既相互独立又相互渗透的过程。

摄影术的发明，实现了人们向往已久的愿望，不经过画家之手，把自己的实景影像完全照原样固定下来，并且显得逼真而亲切；使人们了解到过去无法了解的远方异国的风貌，扩大了人们的视野；它还把一种全新的欣赏对象带入每个人的生活之中，扩大了艺术欣赏范围，所以摄影术很快在世界范围内风行起来。达盖尔的摄影教科书，四个月里销售了 29 版，译成了 6 国文字。1840 年在纽约，1841 年在伦敦，出现了专门拍摄人像的照相馆。

与达盖尔摄影术颁布差不多同一时期，英国科学家福克斯·塔尔伯特也发明了一种摄影法，称为卡罗式摄影法。他所用的底版是白纸，发明了负片成像过程，用涂有碘化银的纸作感光版，拍出负像，然后用负像印出正像，曝光时间约 8 分钟。达盖尔摄影法需用镀银铜板，其成本高，又不能复制。卡罗式摄影法能复制，但由于纸基纤维粗糙，印出来的影像质量不佳。同时，两种摄影法的感光度都很低，曝光需要较长时间，所用照相机也极为笨重，这为摄影的应用带来较大的困难。于是人们继续对摄影器材加以改进和发展。

1.1.2 数字摄影的发展

世界首台数码相机于 1975 年在美国纽约的一个实验室中诞生（图 1-3）。这台数码相机的发明人是柯达公司当时的一名技术人员 Steven J. Sasson（赛尚）。早在 40 年前，Steven J. Sasson 在他的首台数码相机原型技术报告中已经预见：“未来”的数码相机将是便携式的，并能在光线很差的情况下拍摄彩色照片。今天这一切已经成为现实。

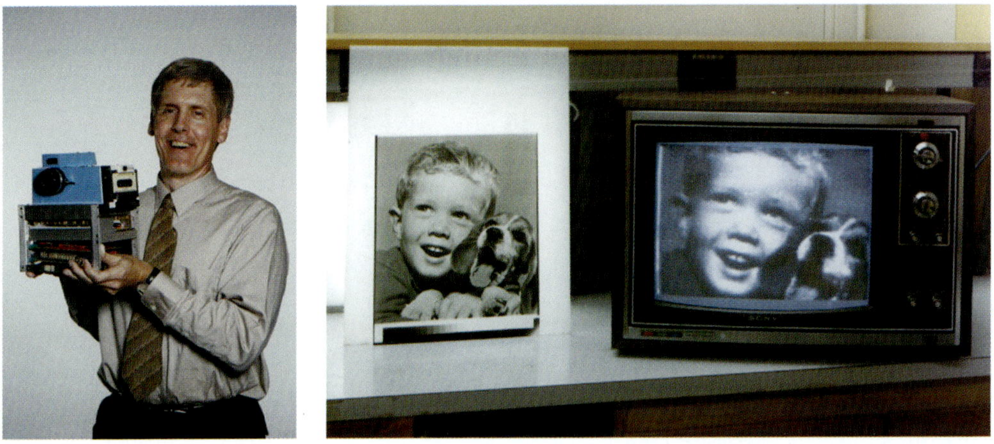

图 1-3　世界上首台数码相机和第一张数字照片

赛尚是一名相机爱好者，一直以来都很希望设计和制造出一台全电子相机，而在 1973 年与柯达一位主管短短 1 分钟的交谈后，促使他寻找合适的存储介质、建造原型。当时那位主管简单地提到，有一种硅材料可以感光，可以尝试是否能应用到新型相机中，这就是后来数码相机的重要零组件——CCD（电荷藕合器）。之后，赛尚用了一年左右的时间建造了首款数码相机的原型。当时还只是用磁带作为存储介质，而最终通过这台相机拍到了 1 万像素的黑白反转相片。该相机通过拥有 1 万像素（按 100×100 的阵列排列）的 CCD 拍摄画面，每格像素占 4 位——有 0 和 1 组成的 4 位数组合，表示画面中的每一个点。虽然只有 1 万像素，画面也非常粗糙，但是很多技术在当时已经是非常先进的。相机的电路板可以打开，一边拍摄，一边调整。一旦拍摄完毕，画面会经过数字化的处理并保存到相机的内存缓存中，之后数字文件在从缓存中记录到更具永久保存的存储器中，以便从相机中下载与播放。

1.2 影像概述

1.2.1 电影的起源与发展

1872 年的一天，在美国加利福尼亚州一个酒店里，斯坦福与科恩发生了一场激烈的争执：关于马奔跑时蹄子是否都着地？斯坦福认为，奔跑的马在跃起的瞬间四蹄是腾空的；科恩却认为，马奔跑时始终有一蹄着地。争执的结果是谁也说服不了谁，于是就采取了美国人惯用的方式——打赌来解决。他们请来一名驯马好手做裁决，然而，这名裁判员也难以断定谁是谁非。这很正常，因为单凭人的眼睛确实难以看清快速奔跑的马蹄是如何运动的。裁判的好友——英国摄影师麦布里奇知道了这件事后，表示可由他来试一试。他在跑道的一边安置了 24 架照相机，排成一行，相机镜头都对准跑道；在跑道的另一边，他打了 24 个木桩，每根木桩上都系上一根细绳，这些细绳横穿跑道，分别系到对面每架照相机的快门上。一切准备就绪后，麦布里奇牵来一匹漂亮的骏马，让它从跑道一端飞奔到另一端。当跑马经过这一区域时，依次把 24 根引线绊断，24 架照相机的快门也就依次被拉动而拍下了 24 张照片。麦布里奇把这些照片按先后顺序剪接起来。相邻的两张照片动作差别很小，它们组成了一条连贯的照片带。裁判根据这组照片，终于看出马在奔跑时总有一蹄着地，不会四蹄腾空，从而判定科恩赢了。

按理说，故事到此就应结束了，但这场打赌及其判定的奇特方法却引起了人们很大的兴趣。麦布里奇一次又一次地向人们出示那条录有奔马形象的照片带。一次，有人无意识地快速牵动那条照片带，结果眼前出现了一幕奇异的景象：各张照片中那些静止的马叠成一匹运动的马，它竟然“活”起来了！（图 1-4）

图 1-4 《马背上的骑师》（[美]伊德维尔德·麦布里奇）

人们从这里得到了启迪，从此以后，许多发明家将眼光投向了电影摄影机的研制上。1895 年 12 月 28 日，法国人卢米埃兄弟在巴黎的“大咖啡馆”第一次用自己发明的放映摄影兼用机放映了《火车到站》影片，它标志着电影的正式诞生(图 1-5)。

图 1-5　卢米埃兄弟的《火车进站》

当然，19 世纪末电影的诞生从根本上说是科学技术与艺术相结合的产物，而斯坦福与科恩的打赌事件如同使这些科学技术糅合在一起发生巨变的催化剂，迅速导致了电影综合技术的出现和产生，使电影这门伟大的艺术叩响了 20 世纪的大门。

1.2.2　数字影像的兴起与发展

自从卢米埃兄弟发明电影以来，在相当长的时间里，胶片成为电影图像和声音的唯一载体，电影银幕上所展现出的色彩斑斓、声情并茂的影像令全世界亿万电影观众如痴如醉。在科学技术飞速发展的今天，数字技术已成为当今世界领先的技术，电影经过百年磨砺，现今已向数字化发展。近年来，数字电影经过了不断地完善和更新后，随着 21 世纪数字时代的到来，终于来到了我们身边。

数字电影诞生于 20 世纪 80 年代，是高科技的产物。随着计算机技术的飞速发展，许多传统电影制作做不到的镜头需要借助电脑完成，或者运用了电脑技术会使影片更完美。于是传统电影引入了数字技术。从国际上来讲，经过初期阶段的摸索，目前数字电影技术已经很成熟，创作人员已从过去单纯地运用数字特技逐步转化为将其与传统摄制、传统特技融为一体的表现手法。在美国等国家涌现出一大批既掌握现代数字技术又极富艺术品味的创作人员，产生了一大批视听效果俱佳的影片(图 1-6)。电影史上第一部全 3D 动画长片是迪士尼的《玩具总动员》，片长 77 分钟，由 1 561 个全电脑制作的 3D 镜头组成。影片制作历时四年，动用了 110 名工作人员，成本为 3 千万美元。1999 年 5 月，美国出现了首批数字电影院，迪士尼公司制作出了首部无胶片数字电影《玩具总动员续集》。

图 1-6 《星战前传》剧照

数字电影是以数字方式(即“0”和“1”方式)制作、传输和放映的,是指以数字技术和设备摄制、制作存储,并通过卫星、光纤、磁盘、光盘等物理媒体传送,将数字信号还原成符合电影技术标准的影像与声音,放映在银幕上的影视作品(图 1-7)。

图 1-7 数字电影《复仇者联盟》

数字电影的整体技术可以划分为四个阶段:第一阶段是把数字电影后期制作阶段的影像信号制作成数字电影母版;第二阶段是委托专门的数字技术服务公司对母版信号进行数字压缩、加密和打包,然后通过卫星或网络传送到当地的放映院,也可以直接将母版信号刻录成 DVD 只读光盘或录制到磁带等载体上,通过传统的特快专递等服务发送到当地影院;第三阶段是在当地各影院或地区数字信号控制中心对数据信号进行接收和存储，获取和发送放映授权以及解密密码等；第四阶段是通过数字放映实现数字信号的放映。

数字影像有三种制作方式：一是计算机生成；二是用高清晰数字摄像机拍摄；三是用胶片摄影机拍摄完成后，再数字化到电脑硬盘里。

从以上三种制作方式的效果看，目前用胶片摄影机拍摄的图像质量远远高于另外两种方式，因为胶片的分辨率和色彩还原度还远不是目前数字电影所能够赶得上的。这与成像原理不同有关，卤化银软片基于自然感光成像，其颗粒的细腻程度远远大过 CCD 的人工设计光电学像素，随着电脑技术的不断提高，高清晰数字摄像机的分辨率技术指标会逐渐接近甚至达到胶片摄影机的水平，但在色彩还原度上，高清数字摄像机仍旧无法达到胶片摄影机的水平（图 1-8）。

图 1-8　数字电影《星际穿越》

所以，未来很长一段时间里，最佳的院线级数字电影制作方式，仍旧是前期胶片拍摄，经过胶片洗印转数字信号进行后期编辑、处理后，再转为数字视频技术放映。因前期的素材拍摄的画质已经确定，后期转为数字放映，由数字技术将卤化银的色彩和细节进行精确定位，其放映效果远远超过胶片放映机，避免了胶片的闪烁、模糊等缺点。

根据德国传统的著名胶片摄影机品牌——阿莱数字技术研究实验室 2009 年的研究结果表明：当他们将数字摄影机的 CCD 像素扩大之后（8K），在实验室最精良的条件下进行的测试，影像的锐度达到惊人的细腻度，甚至人的毛孔绒毛都能看清楚，但在色彩还原度和饱和度上，数字摄影机仍旧与胶片摄影机之间差距很大，数字技术几乎不可能达到胶片对色彩的敏锐度。因为数字技术的颜色，全是靠人工模拟的色彩种类，比方说，如果被摄物体中某一个点上的颜色是CCD耦合电路中所没有的，那么，CCD就只能找一个最接近的去替代它，一旦这种情况多起来，色彩的还原度就会大大降低。

另外，在光感宽容度上，数字摄影机仍旧很弱。同等条件下，胶片摄影机只需要打一盏灯甚至不需要打灯，但数字摄影机却需要两盏甚至更多的灯光来弥补CCD的感光问题。而在对比度上，数字技术的细节还原度则大大降低。当被摄物体的亮部和暗部对比较强时，数字技术对细节的捕捉和“宽容性”就会出现严重的问题，这也就是我们看数字拍摄的电影时会发现，当画面明暗对比较强时，暗部的细节就会很少，甚至黑乎乎一片，但胶片电影却能呈现出非常微妙的细节和色彩对比。

然而随着数字技术的迅速发展，数字电影的画面已经几乎和传统胶片电影的画面细节媲美，甚至超越传统胶片电影画面。同时，数字技术最大的优势在于降低成本和作品母带的保存效果较好，同等条件下，传统感光胶片对作品的保存，只能在50年甚至30年之内。因为卤化银具有一定的挥发性，从时间上说，硬盘的数字技术，几乎是无损的。

数字电影不仅避免出现胶片老化、退色，确保影片永远光亮如新以及画面没有任何抖动和闪烁，使观众再也看不到任何画面的划痕磨损现象。此外，数字电影节目的发行不再需要洗映大量的胶片，既节约发行成本又有利于环境保护。以数字方式传输节目，传输过程中不会出现质量损失。也就是说，一旦数字电影信号发出，无论有多少家数字影院，也不管它位于世界的任何位置，都可以使不同地区的观众同时欣赏到同一部高质量的数字节目。

数字化电影技术进入了微观世界，它将图像分解为最小的单元——像素，然后再重新组合，以改变或者重建某一部分的影像和情景，创造出一般摄影方法根本达不到的扣人心弦的镜头，在创作上几乎达到随心所欲的境地。

思考与练习

1. 请想象一个没有摄影技术出现的现在的世界。
2. 请简述数字摄影的发展给影像带来了什么。
3. 请比较数字摄影与传统摄影，你认为那种方式好？为什么？

第2章 数字影像的拍摄器材

2.1 数码相机的基本介绍

数码相机在现在已是司空见惯的物品了。作为数码相机中的高端产品，专业人士使用的数码单反相机，随着价格的不断下降也正逐渐走入平常百姓的家庭中。什么是数码单反相机，它有什么特点，即使对于非专业人士来说，都是非常有趣的问题。下面就让我们一起来认识一下数码单反相机，以及它较普通的数码相机有什么优势。

首先来认识什么是数码单反相机。简单地说，数码单反相机就是使用了单反新技术的数码相机。作为专业级的数码相机，用其拍摄出来的照片，无论是清晰度还是照片质量都是一般相机不可比拟的。是单反技术成就了数码单反相机的高性能。

单反，也就是单镜头反光。采用这种技术的照相机只有一个镜头，这个镜头既负责摄影，也用它来取景。这样一来就能基本解决视差造成的照片质量下降的问题。用单反相机取景时，来自被摄物的光线经镜头聚焦，被斜置的反光镜反射到聚焦屏上成像，再经过顶部起脊的“屋脊棱镜”反射，摄影者通过取景目镜就能观察景物，而且是上下左右都与景物相同的影像，因此取景、调焦都十分方便。摄影时，反光镜会立刻弹起，镜头光圈自动收缩到预定的数值，快门开启使胶片感光；曝光结束后，快门关闭，反光镜和镜头光圈同时复位。这就是相机中的单反技术，现代的数码相机采用这种技术后就成了专业级的数码单反相机（图 2-1）。

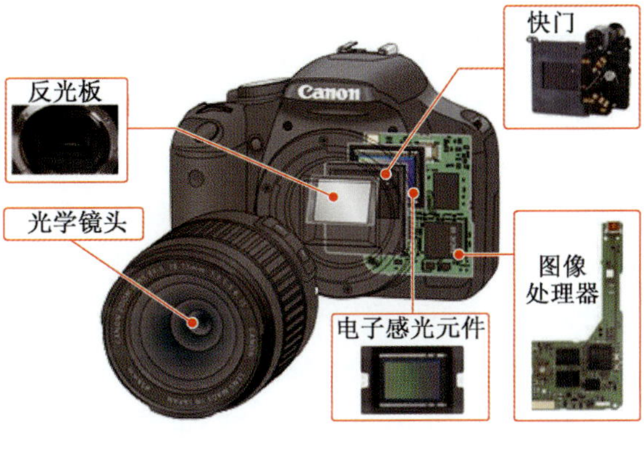

图 2-1　单反相机的结构和原理

单镜头反光的取景方式基本上就意味着专业定位，这也注定了数码单反相机的专业道路，即使是面向普通用户和发烧友的产品也拥有大量过人之处。

2.1.1 数码相机的特性

数码相机,英文全称为 Digital Still Camera (DSC),简称为 Digital Camera (DC),是数码照相机的简称,又名数字式相机。数码相机,是一种利用电子传感器把光学影像转换成电子数据的照相机。作为数字时代诞生的拍摄工具,它使用了数字成像技术,在使用数字方式拍摄时,经过内部的数字处理器可以将拍摄的景物转化为数字格式的图片,然后通过计算机进行后期处理。这种摄影方式比传统胶卷的优越性包括:拍摄之后可以立即看到图片,从而可以对不满意的作品立刻重拍,其他不需要的照片可以删除;色彩还原和色彩范围不再依赖胶卷的质量;感光度也不再因胶卷而固定;光电转换芯片能提供多种感光度选择。但是截至 2005 年,与传统的 35 mm 胶卷照相机相比,数码相机的成像质量仍然与之有相当的差距,尤其是在输出大幅面作品的时候。但是到目前为止,数码相机在很多方面已超越传统相机。在商业摄影中几乎已无人使用传统相机。

数码相机是集光学、机械、电子一体化的产品。它集成了影像信息的转换、存储和传输等部件,具有数字化存取模式,与电脑交互处理和实时拍摄等特点。光线通过镜头或者镜头组进入相机,通过成像元件转化为数字信号,数字信号通过影像运算芯片储存在存储设备中。数码相机的成像元件是 CCD 或者 CMOS。该成像元件的特点是,光线通过时,能根据光线的不同转化为电子信号。数码相机最早出现在美国,20 多年前,美国航天宇航局曾利用它通过卫星向地面传送照片,后来数码摄影转为民用并不断拓展应用范围。

2.1.2 数码相机的种类

目前的主流数码相机大致可分为四种类型:单反数码相机、卡片数码相机、长焦数码相机和“微单”数码相机。

1. 单反数码相机

单反数码相机,是指单镜头反光数码相机,即 Digital 数码、Single 单独、Lens 镜头、Reflex 反光的英文缩写 DSIR(图 2-2)。市场中的代表机型常见于尼康、佳能、宾得、富士等品牌。此类相机一般体积较大,质量较重。使用电子取景器 evf 的机型,也归入单反类,但一般加注“类似”,或注明是 evf 取景,如奥林巴斯 c-2100 uz、富士 finepix 6900 等。在单反数码相机的工作系统中,光线透过镜头到达反光镜后,折射到上面的对焦屏并结成影像,透过接目镜和五棱镜,拍摄者可以在观景窗中看到外面的景物。与此相对的,一般数码相机只能通过 LCD 屏或者电子取景器(evf)看到所拍摄的影像。显然,直接看到的影像方式比通过处理后看到的影像方式更利于拍摄。单反数码相机的一个很大的特点就是可以交换不同规格的镜头,这是单反相机天生的优点。

单反,即 SLR(Single Lens Reflex),这是当今最流行的取景系统,大多数 35 mm 照相机都采用这种取景器。在这种系统中,反光镜和棱镜的独到设计使得摄影者可以从取景器中直接观察到通过镜头的影像。

图 2-2　单反数码相机

2. 卡片数码相机

卡片数码相机在业界内没有明确的概念，小巧的外形、相对较轻的机身以及超薄时尚的设计是衡量此类数码相机的主要标准(图 2-3)。其中，索尼 T 系列、奥林巴斯 AZ1 和卡西欧 Z 系列等都应划分于这一领域。

图 2-3　卡片数码相机

卡片数码机的主要特点：可以随身携带，操作相对单反简便，随取随拍。虽然它们的功能并不强大，但最基本的曝光补偿功能还是卡片数码相机的标准配置，再加上区域或者点测光模式，有时候还是能够完成一些摄影创作。至少拍摄者对画面的曝光可以有基本控制，再配合色彩、清晰度、对比度等选项，很多漂亮的照片也可以出自这些被“高手”们看不上的小东西。

卡片相机和其他相机比较，优点是时尚的外观、大屏幕液晶屏、小巧纤薄的机身，操作便捷；缺点是手动功能相对薄弱、超大的液晶显示屏耗电量较大、镜头性能较差。

3. 长焦数码相机

长焦数码相机，是指具有较大光学变焦倍数的机型，而光学变焦倍数越大，能拍摄的景物就越远(图 2-4)。代表机型有：美能达 Z 系列、松下 FX 系列、富士 S 系列、柯达 DX 系列等。一些镜头越长的数码相机，内部的镜片和感光器移动空间更大，所以变焦倍数也更大。

图 2-4　长焦数码相机

长焦数码相机的主要特点其实和望远镜的原理差不多，通过镜头内部镜片的移动而改变焦距。

当人们拍摄远处的景物或者是被拍摄者不希望被打扰时，长焦的好处就发挥出来了。另外，焦距越长则景深越浅，和光圈越大景深越浅的效果是一样的，浅景深的好处在于突出主体而虚化背景。一些镜头越长的数码相机，内部的镜片和感光器移动空间更大，所以变焦倍数也更大。如今数码相机的光学变焦倍数大多在 3～12 倍之间，即可把 10 米以外的物体拉近至 5～3 米。家用摄录机的光学变焦倍数在 10～22 倍，能比较清楚地拍到 70 米外的物体。如果光学变焦倍数不够，人们可以在镜头前加一个增倍镜，其计算方法是：一个 2 倍的增倍镜，套在一个原来有 4 倍光学变焦的数码相机上，那么这台数码相机的光学变焦倍数由原来的 1 倍、2 倍、3 倍和 4 倍变为 2 倍、4 倍、6 倍和 8 倍，即以增倍镜的倍数和光学变焦倍数相乘所得。

变焦范围是否越大越好？实际上，对于镜头的整体素质而言，变焦范围越大，镜头的质量也越差。10 倍超大变焦的镜头最常遇到的两个问题：镜头畸变和色散。紫边情况都比较严重，超大变焦的镜头很容易在广角端产生桶形变形。而在长焦端产生枕形变形。虽然镜头变形是不可避免的，但是好的镜头会将变形控制在一个合理范围内。理论上，变焦倍数越大，镜头也越容易产生形变。为此很多相机的生产厂家做了不少努力。比如，通常厂家会在镜头里加入非球面镜片来预防这种变形的产生；对于色散来说，厂家通常使用防色散镜片来避免，比如尼康公司的 ED 镜片。随着光学技术的进步，目前的 10 倍变焦镜头在光学性能上应该可以实际满足人们日常拍摄的需要。

4. "微单"数码相机

所谓"微单"数码相机，是可更换镜头电子取景相机（Electronic Viewfinder Interchangeable Lens，EVIL）的简称，又被称为 Mirrorless Interchangeable-Lens Camera（可更换镜头无反光镜相机），是基于传感器 Liveview 技术而出现的，去掉了单反相机的核心部件反光镜，自然也没有反光镜箱的阻碍，成像光路上类似于旁轴相机，而取景方面，在 Liveview 的支持下，大多使用 LCD 直接取景，辅以 evf 取景器的设计，也无需五棱镜了。由于采用了比紧凑型 DC 更大的传感器，成像质量近似或者相当于单反相机，而去掉了反光镜和反光镜箱的累赘之后，机身可以做到更加轻薄。卡片之薄，单反之用，就是"微单"数码相机的最好写照！（图 2-5）

图 2-5 装有蔡司手动镜头的 SONY 微单

"微单"数码相机具有以下特点：

（1）机身小巧

无论是采用了类似卡片机还是类似单反造型的 EVIL 机身，有一个特点就是小巧。

（2）价格便宜

由于取消了反光板、五棱镜、相位对焦传感器等部件，微单数码相机的机身的制造成本相对于传统 DSLR 来说是有一定优势。由于机身不再需要太多光学机械部件，原来一些缺乏传统光学 SLR 技术的公司也能生产 EVIL 相机，如三星。EVIL 相机降低了各大厂商进入“大型感光元件相机”领域的门槛，特别是对一些原本在消费 DC 上有较高研发能力的厂商来说，现在也可以考虑尝试进入一个新的市场领域，向原本被 C、N 等传统 DSLR 大厂垄断的中高端市场发起冲击。

(3) 电子取景器

EVIL 名字中的 EV 即是电子取景器的意思，虽然电子取景器对比光学取景器在清晰度上有差异，至少电子取景器能够做到的画面实时参数显示、直观的白平衡、夜间取景画面增亮、局部放大等特点都是光学取景器难以实现的。

(4) 安静

由于没有了反光板等机械结构，所以微单数码相机通常能够在更静音的条件下进行拍摄。

2.2 数码相机的结构与原理

2.2.1 数码相机的结构

数码相机主要由以下几部分组成。

1. 镜头部分

镜头结构可以理解为镜头的构造，其主要是由镜片构成的。目前，任何一款相机的镜头都不可能是由一块镜片组成，标准镜头和功能型附加镜头亦是如此。一个镜头往往是由多块镜片构成，根据需要这些镜片又会组成小组，从而把要拍摄的对象尽可能清晰、准确地还原。

镜头的结构主要指的是构成镜头的镜片数目情况以及镜头光圈叶片。由于不同厂商、不同产品采用的技术是不同的，因此绝不能简单地以镜片的数目多少来判断优劣。不同镜头的镜片数目是用数字标识的。比如，佳能 EF28-105/3.5-4.5U，标识为 12 组 15 片，也就是说，这款镜头共有 15 片镜片，这 15 片镜片又分为 12 个镜头组，有的为 1 片成组，有的为 2 片成组，以实现不同的功能。光圈用来控制光线透过镜头，进入机身内感光面的光量的装置，它通常是在镜头内。表达光圈大小是用 F 值，即

光圈 F 值 = 镜头的焦距 / 镜头口径的直径

由该公式可知，要达到相同的光圈 F 值，长焦距镜头的口径要比短焦距镜头的口径大。

除了镜片的数目之外，镜头的材质也是镜头结构的一个重要的技术指标。目前，镜头的材质一般可以分为两类：玻璃和塑料。这两种材质是和镜头生产商所采用的技术和特点有关的，并无优劣之分。当然两种材质的镜头也都有各自的特点，比如玻璃镜头稳重，塑料镜头轻巧。

相机镜头是相机中最重要的部件，因为它的好坏直接影响到拍摄成像的质量（图 2-6）。镜头能集聚光线，使胶卷（数码相机则是数字影像传感器）能获得清晰影像。早期的镜头都是由单片凸透镜所构成。因为清晰度不佳，又会产生色像差，而逐渐被改良成复式透镜，即以多片凹凸透镜的组合，来纠正各种像差或色差，并且借着镜头的加膜(coating)处理，增加进光量，减少耀光，使影像的品质大大提高。一般而言，摄影用的透镜均为聚焦透镜，依照光学原理，由远处而来的光线穿过具有聚焦作用的透镜后，会全部聚焦于一点，这一点即焦点。而从焦点到镜头的中心点之距离即称焦距。在相机上，镜头的中心点通常都位于光圈处，而焦点位于焦点平面上（即胶卷面）。故相机的焦距为镜头对焦在无限远时，光圈到胶卷面的距离。镜头的种类（根据应用场合分类）大致有以下几种类型：

图 2-6　镜头及内部结构

（1）广角镜头。视角 90 度以上，观察范围较大，近处图像有变形。

（2）标准镜头。视角 30 度左右，使用范围较广。

（3）长焦镜头。视角 20 度以内，焦距可达几十毫米或上百毫米。

（4）变焦镜头。镜头焦距连续可变，焦距可以从广角变到长焦，焦距越长成像越大。

2. 传感器系统

传感器系统，主要是指 CCD，相当于传统相机的感光胶片。另一个重要部件是图像处理专用 DSP，比如佳能数码相机采用的图像处理芯片 DIGIC，用于进行图像的压缩、转换、滤波、修正等工作，是相机的“大脑”。另外还有其他一些专用控制器，管理相机操作，并完成存储卡的读写功能，以及文件系统的管理等。还有一片 EPROM 芯片中保存着相机的 Firmware（固件），相当于计算机主板的 BIOS 芯片，或者说是整台相机的操作系统，通常可以进行升级。至于机身及镜头组件，包括自动对焦系统以及快门控制系统等，与传统相机区别不大。

感光器，又称“影像传感器”，其作用类似于传统胶片相机中的底片，负责把光线信号转化为数字信号，然后交由影像处理器进行处理（图 2-7）。如果我们把镜头比作眼睛中的晶状体，那么感光器就可以看作是眼睛的视网膜。凡是通过镜头进入相机的光线，最后都要投射到感光器上，这样才能最终形成图像。

目前市面上的感光器主要分为两种，一种是 CCD，另一种是 CMOS。就工作原理来说，这两种感光器没有本质的区别。所不同的是，CCD 的制造工艺较为复杂，因此成本较高，而且对电能的消耗也较大。CMOS 的制造成本和电力消耗则要比 CCD 低很多。不过，CCD 的成像品质较高，在同样的条件下，CCD 成像的通透性、明锐度以及色彩的丰富性、准确性都比较出色。而 CMOS 的通透性则比较一般，对色彩的还原能力也比较弱。

图 2-7　数码相机的核心——影像传感器

图 2-8　CCD 芯片

由于 CCD 的成本较高，所以数码单反相机一般都采用 CMOS 感光器。而绝大部分消费类数码相机则采用 CCD 感光器，到目前为止，消费类数码相机中只有索尼 R1 采用了 CMOS 传感器。因此，下面主要来了解一下 CCD 的知识。

CCD 是电荷耦合元件，可以称之为 CCD 图像传感器。CCD 是一种半导体器件，能够把光学影像转化为数字信号。CCD 上植入的微小光敏物质称为像素(Pixel)。一块 CCD 上包含的像素数越多，其提供的画面分辨率也就越高。CCD 的作用就像胶片一样，它把图像像素转换成数字信号。CCD 上有许多排列整齐的电容，能感应光线，并将影像转变成数字信号，经由外部电路的控制，每个小电容能将其所带的电荷转给它相邻的电容。

那么，CCD 究竟是如何来成像的呢？那就是通过 CCD 上的像素点来完成的，我们平时所说的一款相机“有效拍摄像素”达到多少，也就是指其 CCD 上有多少个像素点。可以这样理解，每一副数码照片都是由一个个点组成的，而每一个点就是一个像素。很显然，像素数越高，画面就会越清晰，输出的图片尺寸就越大。因此，从理论上说，CCD 的像素数量应该越多越好。

不过，CCD 的像素水平并不是决定成像的唯一要素，它与 CCD 面积还有密切的关系。正如前文所说，每一副图片都是由一个一个完成感光的像素点来构成的，所以，这些单个像素点的感光性能，对成像品质有着关键性的影响。就拿拍摄像素完全相同的两款相机来说，谁的 CCD 面积越大，其单个像素点的面积也就越大，感光性也就越好，成像品质也就越高。

那么，如果是 CCD 面积完全相同的两款相机，是不是拍摄像素更高的相机拥有更好的成像品质呢？这个倒不一定。从理论上讲，如果两块 CCD 面积相同，那么其综合感光性能也基本相同。即便是其中一块 CCD 的像素水平较高，那也不过是能输出较大尺寸的图片而已。再者，如果 CCD 面积不增加而单纯提高像素水平，那么单个像素点的感光面积就越小，各个像素点之间的电荷干扰也越严重，对成像品质的伤害也就越大。从这个角度来看，在CCD面积相同的情况下，反而是较低的像素水平容易获得更好的成像品质。因此，在考察一款相机的拍摄性能时，一定要把像素水平和CCD面积纳入综合考虑的范围。

3. 取景器

取景器分为光学取景（位于机身背后顶端的小镜片）和液晶显示器取景，单反还包括五棱镜（反光用的）。

4. 快门系统

快门系统主要包括快门按钮和快门卷帘。

5. 影像处理系统

影像处理系统主要是指相机的数据转化和存储系统，涵盖硬件和软件。

6. 电源部分

电源部分主要是内置电池和外置电源接口等。

7. 外接设备接口

外接设备接口主要是各种外部接口，如USB，热靴，AV端子等，以及各种卡插槽。

2.2.2 数码相机的成像原理

如前所述，单反相机的镜头后有一个反光镜可以将来自镜头的光线向上反射到一个五棱镜，然后五棱镜将光线折射到取景器窗口。这样一来，用户通过取景器就可以看到来自镜头的影像了。当按下快门时，反光镜会迅速升起，来自镜头的光线此时直接照射在胶片上，从而完成拍照。在数码相机中，用CCD或者COMS感光器件代替胶片来捕捉影像。

现代数码相机采用电子元器件成像而非胶卷——这是数码相机与传统相机最本质的区别。那么数码相机是如何成像的呢？首先，光线透过镜头投射到感光元件表层；接着光线被感光元件表层上滤镜分解成不同的色光；然后，色光被各滤镜相对应的感光单元感知，并产生不同强度的模拟电流信号，再由感光元件的电路将这些信号收集起来；最后，模拟信号通过数模转换器转换成为数字信号，再由DSP对这些信号进行处理，还原成为数字影像；最后一步，数字影像再被传输到存储卡上保存起来。

在对数码相机的特点和基本组件了解之前，下面来了解一下数码相机是如何工作的，这有利于更好地理解和掌握相机的各项关键参数，深入了解相机的性能。

当打开相机的电源开关后，主控程序芯片开始检查整个相机，确定各个部件是否处于可工作状态。如果一切正常，相机将处于待命状态；若某一部分出现故障，LCD屏上会显示一条错误信息，并使相机完全停止工作。

当用户对准拍摄目标，并将快门按下一半时，相机内的微处理器开始工作，以确定对焦距离、快门的速度和光圈的大小。当按下快门后，光学镜头可将光线聚焦到影像传感器上，这种CCD/CMOS半导体器件代替了传统相机中胶卷的位置，它可将捕捉到的景物光信号转换为电信号。

此时就得到了对应于拍摄景物的电子图像。由于这时图像文件还是模拟信号，还不能被计算机识别，所以需要通过 A/D(模/数转换器)转换成数字信号，然后才能以数据方式进行储存。接下来微处理器对数字信号进行压缩，并转换为特定的图像格式。常用的用于描述二维图像的文件格式包括 Tag TIFF(Image File Format)、RAW(Raw data Format)、FPX(Flash Pix)、JFIF(JPEG File Interchange Format)等。最后以数字信号存在的图像文件会以指定的格式存储到内置存储器中，那么一张数码相片就完成拍摄了，此时通过 LCD(液晶显示器)可以查看所拍摄到的照片。

上文只是简单介绍了拍摄的大致过程，下面结合图 2-9 来详细地介绍相片成像的完整过程。

(1) 当使用数码相机拍摄景物时，景物反射的光线通过数码相机的镜头透射到 CD 上。

(2) 当 CCD 曝光后，光电二极管受到光线的激发而释放出电荷，生成感光元件的电信号。

(3) CCD 控制芯片利用感光元件中的控制信号线路对发光二极管产生的电流进行控制，由电流传输电路输出，CCD 会将一次成像产生的电信号收集起来，统一输出到放大器。

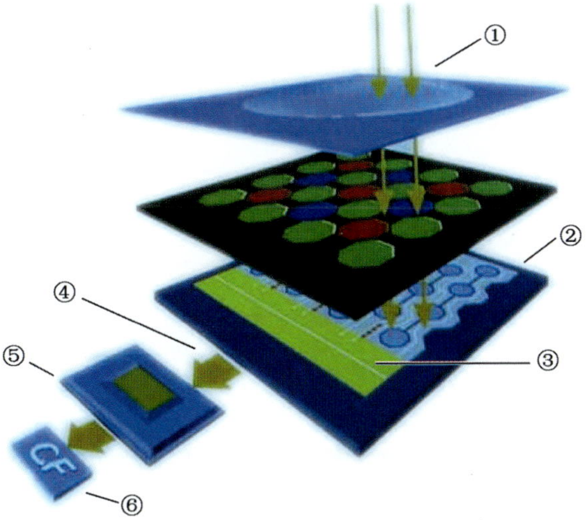

图 2-9　CCD 成像原理

(4) 经过放大和滤波后的电信号被传送到 ADC，由 ADC 将电信号(模拟信号)转换为数字信号，数值的大小和电信号的强度与电压的高低成正比，这些数值其实也就是图像的数据。

(5) 此时这些图像数据还不能直接生成图像，还要输出到 DSP(数字信号处理器)中，在 DSP 中，将会对这些图像数据进行色彩校正、白平衡处理，并编码为数码相机所支持的图像格式、分辨率，然后才会被存储为图像文件。

(6) 当完成上述步骤后，图像文件就会被保存到存储器上，可供拍摄者欣赏了。

2.3　数码相机的基本操作

2.3.1　选择拍摄模式

摄影曝光的过程，就是通过镜头使适量的光线作用于相机内的感光材料/图像传感器的过程。而光圈与快门速度是控制曝光的两个重要因素。佳能 50D 的曝光模式拨盘如图 2-10 所示。

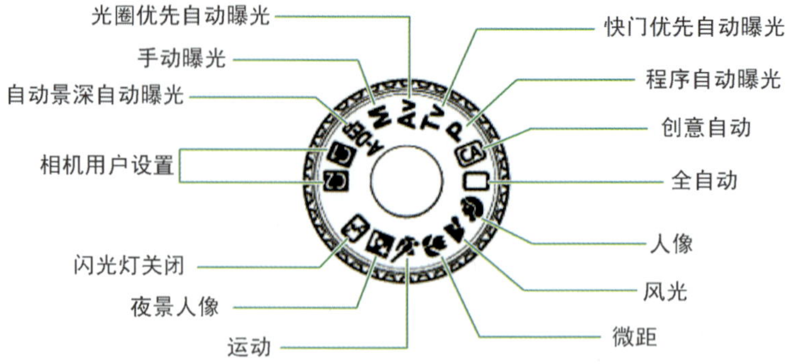

图 2-10 佳能 50D 的曝光模式拨盘

1. 全自动模式(AUTO)

全自动模式是一种最“智能”的拍摄模式，拍摄者无须对相机的任何设置进行调节，只要对着景物按下快门就可以了。它是直接由相机通过电路对现场光进行判断，自动设置曝光参数。

2. 程序自动模式(P)

程序自动模式与全自动模式大致相同。不同的是拍摄者在对准被摄物景半按快门时，相机会显示一组常规的曝光组合，如立即拔动主控盘，光圈与快门速度会随之进行互易，使之重新组合曝光数据，从而获得类似于快门优先或光圈优先曝光的画面效果。

3. 光圈优先模式(A/AV)

光圈优先模式是大多数摄影爱好者经常使用的拍摄模式。拍摄者可以自主地设置光圈，而与之相匹配的快门速度则由相机根据被摄物的亮度自动设定。其优点在于，拍摄者可以按自己的意图利用光圈来控制画面的景深。该模式运用在风光和人像拍摄时比较适合。

4. 快门优先模式(S/TV)

快门优先模式的作用与光圈优先模式相似，而改为控制的是快门速度。拍摄者可以通过设置不同的快门速度来控制画面效果。该模式适合拍摄体育或动体的照片。

高速快门可以凝固动体，低速快门则表现动体的运动轨迹。

5. 手动模式(M)

手动模式是一种最基本的传统曝光模式，光圈、快门速度由人工设定，是专业摄影师和专家喜欢使用的一种曝光模式。在这种模式下，拍摄时的曝光完全脱离了相机的控制，摄影者通过对环境光线的判断来决定曝光参数。这时，相机的光圈和快门都是由拍摄者自己设置的。

6. 场景模式

所谓场景模式，是针对不同的拍摄场景而设定自动曝光的模式。这是在特定环境下无法自主确定最佳曝光的最好选择，是相机针对不同的环境来控制光圈、快门速度、对焦、闪光以及传输模式等各项设定，来获得画面的最佳效果。具体分为以下 6 种模式。

（1）人像模式

人像模式非常适合拍摄人像，其拍摄出的画面效果往往是通过虚化背景来突出人物。在这种模式下，相机会自动选择较大的光圈以保证背景虚化。在需要的时候，可能会使用闪光灯补光。

（2）风景模式

风景模式是针对拍摄风景而设计的。这时相机一般会将画面的景深范围变得很大，不会把快门速度设置得很低，以免相机抖动造成画面模糊，也不需要使用闪光灯进行补光。

（3）微距模式

当相机被设置在微距模式时，一般会以画面中央部分为对焦点，而且需要时相机会将激发闪光灯进行补光，以在拍摄时获得恰当的光圈和快门的组合。

（4）运动模式

使用运动模式拍摄，被摄主体会被假定为处在运动之中，这时相机默认的对焦方式为连续自动对焦，这种模式下一般会将快门速度设置得很高。

（5）夜景模式

夜景模式是专为拍摄夜间景色而设计的，相机设定为低速快门进行拍摄，能拍出较理想的夜景氛围。

（6）夜景人像模式

夜景人像模式是利用相机的闪光与长时间曝光相结合来拍摄的一种曝光模式。它通过利用闪光灯和环境光的平衡，拍摄时相机会将闪光灯打开，而在闪光灯对人物闪光后，相机的快门并未关闭，而是使用长时间曝光来记录背景上的细节。

2.3.2 设定画面尺寸

数码图像的尺寸大小由像素来决定。像素指的是数码相机的分辨率，它是由相机里光电传感器上的光敏元件数目所决定的，一个光敏元件对应一个像素。因此像素数越多，意味着光敏元件越多，也就意味着拍摄出来的相片越细腻。目前市场上主流的数码相机一般都以百万为单位，从 200 万到 500 万、600 万，专业数码相机甚至能够达到 2 200 万，足以满足在电脑上欣赏或者通过彩色打印机进行打印等多方面的需求。所谓“100 万像素”，就是指 CCD 的长和宽有 1 000 个以上的像素点。因此，所拍摄出来的影像也是由 1 000×1 000 个像素点组成的，这就是我们通常所说的照片的“解析度”。一般来讲，普通印刷品每英寸的像素点数为 300 个，按照这个标准来计算，200 万个像素点组成的图像，可以完美地输出成一张 5 英寸大小的照片，而 500 万像素的图像则可以输出为 8 英寸的照片。如果像素过高，所拍摄的影像文件也就越大，这会带来一系列问题，如存储所需时间过长、耗电量增大、存储卡中所能容纳的照片数量变少等，而相应的成像质量提高并不明显。因此，对于一般消费者来说，日常拍摄所用的数码相机，像素在200万至500万就足够了。没有必要一味追求高像素。

1. 分辨率对画面的影响

分辨率越大，图像的精度越高，尽量使用高分辨率进行拍摄是许多数码相机用户的一种错误的认识。理论上讲，高分辨率可以获得高精度的图像，但数码照片要以图像文件的形式记录，随着分辨率的提高，图像文件也将增大，数码相机处理图像的时间随之增多，拍摄时需要占用的存储空间也越大。由于数码相机的存储容量是有限的，所能拍摄的数量自然也就越少。另外，由于处理的时间长，在抓拍时使用过高的分辨率将有可能错过精彩的镜头。

即使我们不在意存储空间的浪费和处理时间的增加，分辨率的选择也应当以够用为限，否则当我们做后期处理时就会发现，利用软件将较高分辨率拍摄的图像缩小成低分辨率，与用较低分辨率直接拍摄的图像视觉效果几乎相同，而且后者的图像锐度似乎还会更好一些。

2. 选择正确的分辨率拍摄

目前，大多数数码相机都有多级分辨率可供选择，究竟选择多大的拍摄分辨率呢？拍摄后的图像用途是影响选择哪一级别分辨率进行拍摄的主要因素。

如果数码照片只是用于网页制作，那么不需要太高的分辨率；如果只是在显示器上显示用，必须记住，图像像素和显示器显示设置存在相互对应的关系。若想让图像全屏显示到标准640×480像素的显示屏上，那么需要的仅仅是一幅640×480像素的图像；如果屏幕显示设置为1 280×960像素，那么640×480像素的图像只会占到屏幕的一半空间。不需要考虑每英寸的像素数目，显示器仅仅在意水平和垂直像素的数目。

如果将数码照片用于打印输出，那么需要记住，屏幕显示和打印、印刷输出是两回事。图像分辨率是描述图像的总像素数(PPI)的，以PPI为单位。而决定图像输出质量的是图像的输出分辨率，描述的是设备输出图像时每英寸可产生的点数(DPI)，以DPI为单位。二者有联系但并不相等，即

$$图像分辨率/输出分辨率=图像输出尺寸$$

以杂志印刷为例，输出分辨率最低要求为300 DPI，16开满版图片也就需要约3 200×2 400的分辨率。

3. 照片的冲印尺寸与分辨率设定

目前数码冲印系统可以提供小至1英寸，大至16英寸的10种不同规格的冲印服务，不同规格的冲印尺寸对数码照片有不同的要求。

要得到好的照片，数码相机的有效像素最好在300万以上，同时，对拍摄的数码照片分辨率也有一定要求。一般情况下，在数码冲印时有一个简单的计算方法，可以计算多大分辨率的数码照片合适冲印多大的照片。例如，分辨率为1 600×1 200的数码照片，通过1 600÷250 = 6.4，四舍五入后为6，计算出合适的冲印照片尺寸是6英寸，那么可以将6乘以250，就可以得出选择1 600×1 200的分辨率是比较合适的。

需要注意的是，不同数码相机的选择方法是不同的，大部分数码相机提供了比较详细的分辨率选项，但有的则只提供 Large、Medium、Low 三级选择，此时需要参照数码相机的使用说明书等资料了解对应的分辨率大小。

2.3.3 设定存储格式

一般来说，数码相机的图像格式大多采用 JPEG 或 RAW。拍摄时，可根据需要进行选择：要想得到高质量的图像，就选择 RAW 格式，RAW 格式文件相对较大；要通过专用软件转换成常用扩印照片，就采用 JPEG 格式，JPEG 格式还包括 FINE（精细）、NORMAL（一般）和 BASIC（基本）等几种质量模式，分别按 1∶4、1∶8 和 1∶16 比例压缩，压缩比越低，表示图像质量等级越高。图像格式的选择直接关系到图像的品质。

RAW 格式的文件需要用各自捆绑的软件来处理，比如尼康相机拍摄的 NEF 格式（即 RAW）照片，只能用尼康 Capture Nx 或更高版本的软件处理。

TIFF 是一种非失真的压缩格式（最高 2～3 倍的压缩比）。这种压缩是文件本身的压缩，即把文件中某些重复的信息采用一种特殊的方式记录，文件可完全还原，能保持原有图像颜色和层次。优点是图像质量好，兼容性比 RAW 格式高，缺点是占用空间大。

JPEG 格式在 Photoshop 软件中提供 13 级压缩级别，以第 0—12 级表示。其中第 0 级压缩比最高，图像品质最差，第 12 级压缩比最小，图像细节几乎没有损失。

JPEG 是一个可以提供优异图像质量的文件压缩格式。设置为 JPEG 格式所拍摄的照片在相机内部通过影像处理器已经加工完毕，可以直接出片，而且在大部分数码相机中，这个“加工”功能还是很出色的，可以说，JPEG 是一个值得相信的存储格式。虽然 JPEG 是一种有损压缩格式，一般情况下，只要不追求图像过于精细的品质（普通消费级 DC 也很难谈上追求图像的极至），JPEG 有诸多值得考虑的优势。所谓压缩格式，就是 JPEG 获得一个图像数据，通过去除多余的数据，减少它的储存大小。但在压缩过程中，丢掉的原始图像的部分数据是无法恢复的，通常压缩比率在 10∶1～40∶1，这样 JPEG 可以节省很大一部份存储卡的空间，从而大大增加了图片拍摄的数量，并加快了照片存储的速度，同而也加快了连续拍摄的速度，所以广泛用于新闻摄影。如此之多的好处，对于大多数人来说，低压缩率（高质量）的 JPEG 文件是一个不错的选择。

目前，越来越多的数码相机已开始使用 RAW 格式拍摄照片，RAW 文件是将未经处理的图像文件，进行任意地调整色温和白平衡，并创造性地以类似“暗房”的制作，不会造成图像质量的损失，保持了图像的品质。相机通过场景拍摄，RAW 只会记录光圈、快门、焦距、ISO 等数据，并未对所拍摄的图片进行任何加工，为图像保存了完整的数据。RAW 格式能够给每个像素点更深的数字深度，为摄影师的创作保留了很大的空间。摄影师通过后期对图像色彩调节，提高整张照片的图像色彩质量，且存储文件大小也只有相对应 TIFF 文件的一半左右，从存储空间方面要比 TIFF 有明显的优势。那么我们如何才能获取到 RAW 格式的图片呢？首先必须有一台支持 RAW 格式的数码相机。在拍摄前将数码相机图像格式设置为RAW格式，设置完成后，相机除了ISO、快门、光圈、焦距之外，其他设定对RAW文件一律不起作用，因为色彩空间、锐化值、白平衡、对比度、降噪等所有操作将在电脑中由后期控制调整。那为何所拍摄的RAW格式的图片不能在电脑浏览器直接打开呢？这是因为RAW数据没有进行图像处理，没有生成普通的通用图像文件，所以想打开RAW文件，只能利用数码相机附带的RAW数据处理软件，将其转换成TIFF等普通格式。由于各厂家CCD或CMOS的排列、转换方式以及影像处理器的运算方法不同，RAW数据的记录方式也不同，所以只有通过厂家提供的数据处理软件才能将其转换成通用格式。如果只是想浏览RAW格式的图片，需要在网上下载一个RAW Image Thumbnailer软件，安装完成后就能够方便地浏览RAW格式的图片，而且显示速度很快。Photoshop CS4版可以打开不同品牌相机RAW格式，但由于各品牌新品相机上市速度太快，所以需要到Adobe公司官方网站下载相应相机的插件，也就是我们俗称的“补丁”，安装好补丁后就可以正常打开RAW文件了。不过还是建议使用原厂家提供的数据处理软件，因为相机厂商不会把CCD的排列及运算等核心技术提供给Adobe公司，所以Photoshop是通过反解数据的方法打开RAW格式的，在反解运算的过程中会有部分误差，如奥林巴斯的RAW格式在Photoshop中打开时图片整体颜色明显偏“品”，白色部分呈现的却是粉红色。但哈苏、徕卡等品牌采用Adobe的DNG格式RAW文件标准，不需要任何插件可以在Photoshop中直接打开。

2.3.4 测光

数码相机的测光系统一般是测定被摄对象反射回来的光亮度，也称为反射式测光。测光方式按测光元件的安放位置不同一般可分为外测光和内测光两种方式。

1. 外测光

外测光方式中，测光元件与镜头的光路是各自独立的。这种测光方式广泛应用于平视取景镜头快门照相机中，它具有足够的灵敏度和准确度。单镜头反光照相机一般不使用这种测光方式。

2. 内测光

内测光方式是通过镜头来进行测光，即所谓TTL测光，与摄影条件一致，在更换相机镜头或摄影距离变化、加滤色镜时均能进行自动校正。目前，几乎所有的单镜头反光相机都采用这种测光方式。

在许多相机的规格表中能看到“TTL测光”这个常见的名词。“TTL测光”的英文是Through The Lens，意思是通过镜头，用在测光这里就表示为这是一种通过相机镜头测量光线的方法，简称“TTL测光”。“TTL测光”技术起源于1964年，当时人们外出拍摄时都需要携带一块测光表，先测光之后再设定相机的光圈值和快门值，随后进行拍摄，整个过程比较烦琐。而“TTL测光”正好解决了这个问题。

大多数数码相机或传统傻瓜相机，都具备以下几种测光方式：中央平均测光、中央局部测光、点测光以及评价测光。这几种测光方式基本可以应付目前所有的拍摄，但是在影楼以及一些专业场合或者广告拍摄，摄影师依旧需要依赖测光表的数值来进行拍摄。

拍摄时，摄影师半按快门，相机启动 TTL 测光功能，入射光线通过相机的镜头以及反光板折射，进入机身内置的测光感应器，这块测光感应器与 CCD 或者 COMS 的工作原理类似，将光信号转换为电子信号，再传递给相机的处理器运算，得到一个合适的光圈值和快门值。摄影师完全按下快门，相机按照处理器给出的光圈值和快门值自动拍摄。“TTL 测光”最大的优势就是，“TTL 测光”得到的通光量就是标准底片的曝光参数，如果相机前面加装了滤镜，“TTL 测光”得出的测光数值和不加滤镜时是不同的，用户此时不需要根据相机加装的滤镜重新调节曝光补偿，只需要直接按下快门拍照即可。

相机是如何测光的呢？其实原理非常简单。相机自动假设所测光区域的反光率都是18％，通过这个比例进行测光，随后确定光圈和快门的数值，光圈和快门是有相关联系的，在同样的光照条件下，光圈值越大，则快门值越小，而如果光圈值越小，快门值则越大。18％这个数值来源是根据自然景物中中间调（灰色调）的反光表现而定，如果取景画面中白色调居多，那么反射光线将超过 18％，如果是全白场景，可以反射大约 90％的入射光，而如果是黑色场景，可能反射率只有百分之几。标准灰卡是一张 8 英寸×10 英寸的卡片，将这张灰卡放在被摄主体同一测光源，所得到的测光区域整体反光率就是标准的 18％，随后只需要按照相机给出的光圈快门值进行拍摄，拍摄出来的照片就会是曝光准确的。如果整个测光区域的整体反射率大于 18％，就如上文说的背景以白色调为主，这时如果按照相机自动测光测定的光圈快门值来拍摄的话，拍摄得到的照片将会是一张欠曝的照片，白色的背景看起来会显得发灰，如果是一张白纸的话拍摄出来的就会变成一张黑纸了。所以，当遇到拍摄反光率大于 18％的场景，需要增加相机的 EV 曝光补偿值，具体补偿的 EV 值则需要根据具体情况再分析了，此时经验就显得非常重要。反之，如果拍摄反光率低于 18％的场景，例如黑色的背景，拍出的照片往往会过曝，黑色的背景也会变成灰色。所以，当拍摄反光率低于 18％的场景，需要减少 EV 曝光，这就是我们常说的“白加黑减”的原理。

2.3.5 曝光

光线是摄影艺术创作的基础，摄影是依赖于光线而存在的。

光与摄影是什么关系呢？

从技术方面来看，各种被摄景物之所以能够由客观环境中的可见形象转化成为照片上的可视影像，是由于镜头的光学结像和感光胶片通过曝光而产生光化反应所取得的。曝光，是决定摄影技术质量的关键（图 2-11）。

从艺术方面来看，光是现场摄影作画必不可少的重要条件，是塑造被摄对象形象的重要手段。用光，是决定摄影艺术质量的关键。

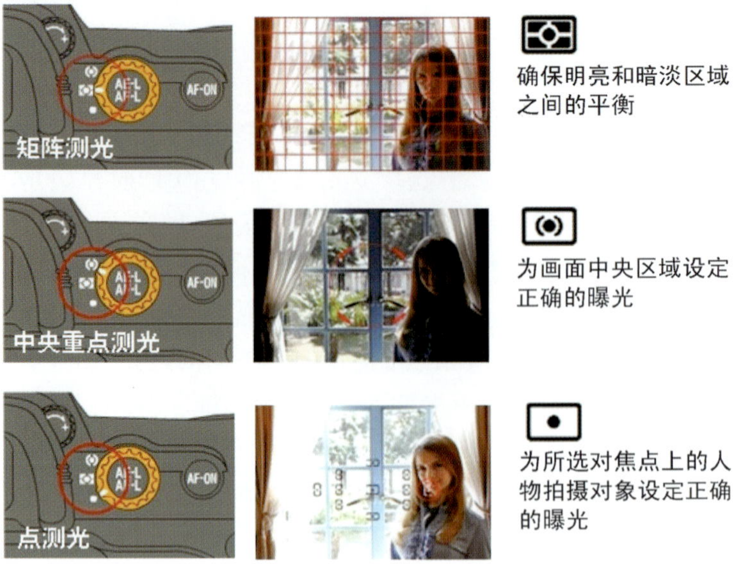

图 2-11

摄影用光有赖于曝光技术，也就是有赖于正确和巧妙地控制曝光。

我们手中的照相机所面对的自然界，是一个五彩缤纷、层次丰富、光线变化无穷的世界。摄影的目的就是要用感光胶片记录现实生活中富于变化的各类事物。这一切取决于感光胶片是否达到正确曝光。曝光不正确的底片无疑是不可能获得良好艺术效果的。

初学者首先接触到的问题，大都与摄影曝光有关，即通过正确的曝光获得一幅理想的摄影作品。为了解决这一问题，需要较深入地研究并掌握曝光控制的理论与概念。

2.3.6　白平衡

白平衡有什么作用？

相机的白平衡控制，是为了让实际环境中白色的物体在拍摄的画面中呈现出“真正”的白色。不同性质的光源会在画面中产生不同的色彩倾向，比如，蜡烛的光线会使画面偏橘黄色，而黄昏过后的光线则会为景物披上一层蓝色的冷调。而我们的视觉系统会自动对不同的光线做出补偿，所以无论在暖调还是冷调的光线环境下，我们用肉眼看一张白纸永远还是白色的。但相机则不然，它只会直接记录呈现在它面前的色彩，这就会导致画面色彩偏暖或偏冷。

什么叫冷调，什么叫暖调？

每种光源都有它自己的颜色，或者称“色温”，从红色到蓝色，各有不同。蜡烛、落日和白炽灯发出的光线比较接近于红色，它们在画面中呈现的光线色调就是“暖调”；而相对的，清澈的蓝色天空则会让画面中呈现蓝色的“冷调”。

那么修改白平衡设置是否就可以改变相机“观看”光线的方式和结果？

正是这样。只要保证白色的物体在画面中呈现出准确的、没有偏色的白，那么画面中所有的其他颜色就也会得到准确的还原。通过特定的按钮或者菜单项，相机提供了相应的控制，可以调节白平衡设置，来与当前实际的光线条件相匹配。

那么如何知道何种环境下该使用何种设置?

在相机的白平衡选项下，有一系列白平衡设置可供选择。一开始，可能很难决定该使用哪一种设置。幸运的是，大多数情况下，默认的自动白平衡(AWB)设置都能带来不错的效果。不过，就如同其他所有自动设置一样，自动白平衡也有局限性。只有在一个相对有限的色温范围之内，才能够正常工作，如在夜晚的室内拍摄时，常常会使画面偏橘黄；而在黎明时分拍摄时，也会使画面偏蓝。对于这一点，相机的生产商们也非常清楚，所以除了自动白平衡，相机中还会提供一系列白平衡预设，来应对更多特定的光线环境。

如何设定一个“错误”的白平衡?

自动白平衡设置会将日出或日落场景中的橘黄色光线统统“吞掉”，因为相机会倾向于获得中性的色彩，从而导致整个画面显得苍白(图 2-12)。在拍摄此类场景时，为了最大限度地表现当时的暖调色彩，可以将白平衡设置为自然光预设之一，如日光(图 2-13)、多云或阴影。创意地“错误”设定白平衡，也是数字摄影常用的创作手法。

图 2-12　使用自动白平衡设置(AWB)会将日落场景中特有的色彩削弱

图 2-13　换用日光白平衡设置，能够更好地还原落日的辉煌和浓烈的金色光彩

控制白平衡：掌握以下简单的步骤，可摆脱对自动白平衡的依赖。

（1）想要摆脱自动白平衡的控制，首先需要放弃全自动拍摄模式，比如改用程序自动或者光圈优先模式（图 2-14）。

图 2-14

(2) 按下相机顶部或背部的 WB(白平衡)按钮(图 2-15)。接下来就可以参照显示屏或控制面板上的信息,更改白平衡设置了。

图 2-15

(3) 相机的默认设置为 AWB(自动白平衡)。转动拨盘,将导航条移动到其他的菜单选项上,并选定其中一种(图 2-16)。

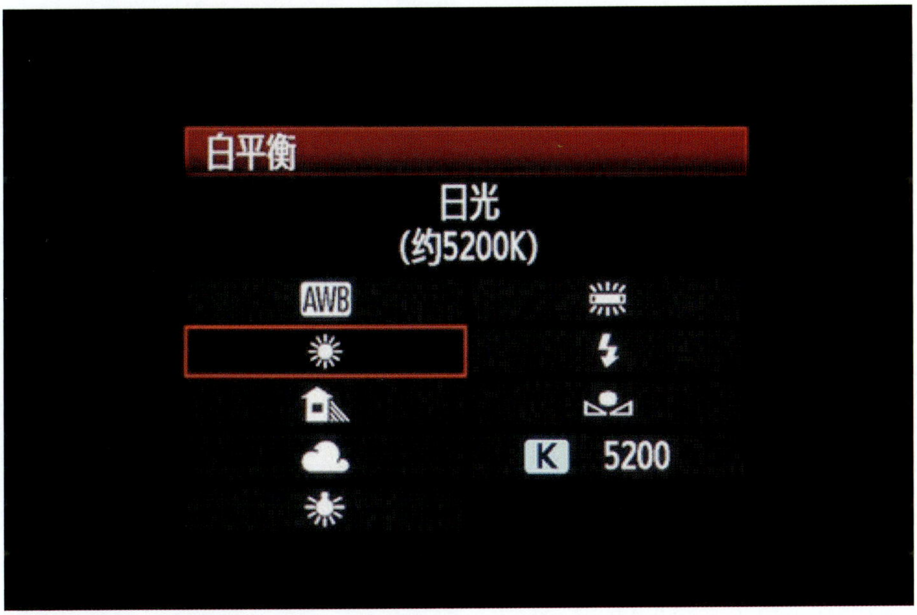

图 2-16

（4）在很多相机中，允许在选定的色温值范围之内，进行白平衡包围，一次拍摄 3 张不同白平衡的照片（图 2-17）。

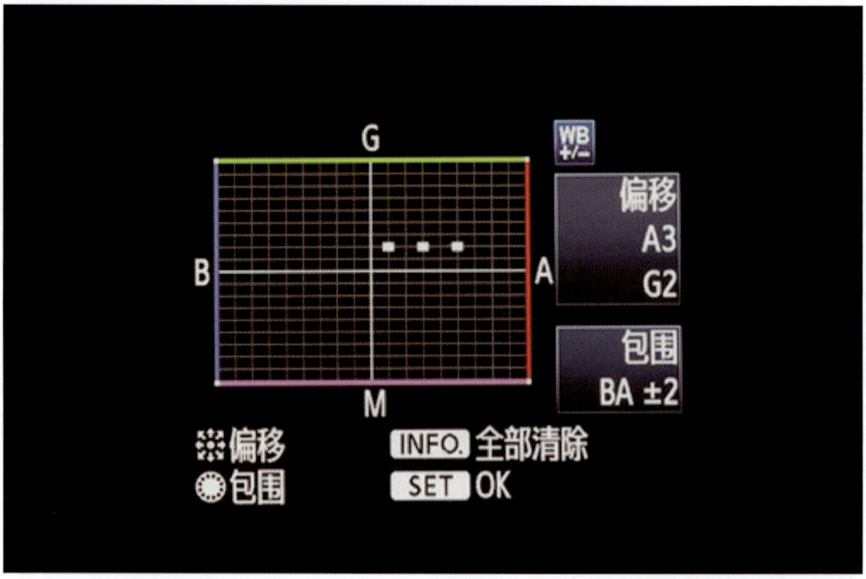

图 2-17

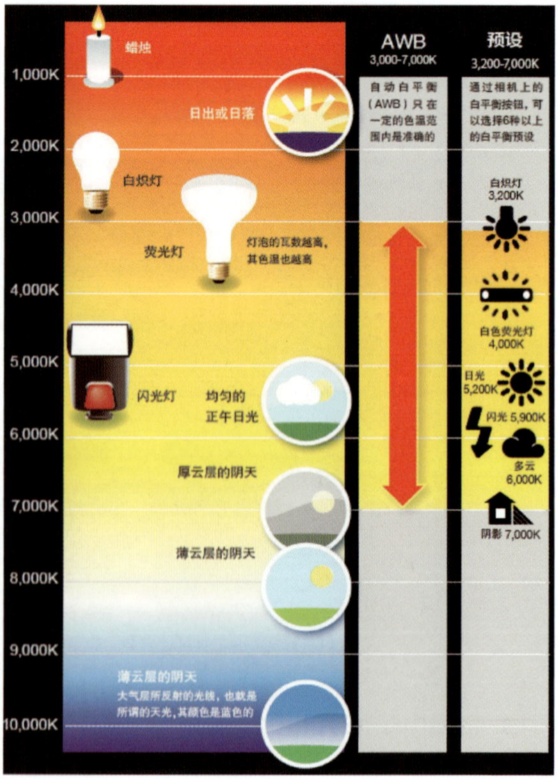

图 2-18

相机的色温范围，取决于所使用的白平衡设置。图 2-18 中左侧的数值单位是开尔文（Kelvin）

相机中会提供一些白平衡预设，不同的相机所提供的预设数量也不一样，但是大部分单反相机都会提供以下预设：白炽灯（灯泡图标）、日光（太阳图标）、阴影（小房子图标）、多云（云朵图标）以及闪光灯（闪电图标）。有时候还会有一个或多个荧光灯白平衡预设（发光灯管图标）。

每一种预设，都会对其相应的光线做出白平衡校正。比如，白炽灯白平衡设置会消除预定数量的暖调光线，让画面的色彩平衡趋向于中性；而阴影白平衡设置则会消除晴天阴影中特有的冷调。

有的相机中还有其他一些选项，比如一个黑色的圆加上两个三角形，还有“K”字母标识。这些又是做什么的？

"K"代表"开尔文"(Kelvin),即色温的单位。"K"设置可以让你设定具体的色温值,数值越低,色彩就越偏暖。蜡烛光线的色温约为 1 000 K,蓝天的色温约为 10 000 K,日光和闪光灯的色温则位于中间段(日光约为 5 200 K,闪光灯为 5 900 K)。另外一个看起来很奇怪的符号,代表的是自定义白平衡设置,也就是手动白平衡选项。这一选项允许对一张之前拍摄的照片或者一张白纸或灰卡拍摄的基准照片,自行创建一个精确的白平衡设置,并将这一白平衡设置应用于接下来拍摄的所有照片中。创建自定义白平衡的方式因相机而异,在相机的使用说明书中会有针对此的详细解释。

1. 强大的 RAW 格式

以 RAW 格式拍摄,后期可对白平衡进行调节。在白平衡设置非常关键的情况下,以 RAW 格式拍摄具有很大的优越性。因为这样一来,在将照片转换为 JPEG 或 TIFF 格式之前,可以在后期处理阶段,任意地调节白平衡设置,自由进行修正,如图 2-19 所示。

图 2-19

2. 白平衡工具

在 Adobe Camera Raw 中使用滴管工具,只需在画面中单击,即可对白平衡进行设置。如在画面中对纯白色、中性灰色或纯黑色的区域单击,即会以此为基准,消除整体画面的色差。

3. 预设菜单

在下拉菜单中提供了一系列与相机菜单类似的预设选项。此外,也可以通过移动"色温"和"色调"滑块,来对白平衡进行微调。

4. 软件选项

在所有 RAW 文件处理程序中,都允许对图像的白平衡设置进行调节。事实上,这是 Adobe Camera Raw 插件最早提供的功能。

有的相机还提供了一个“白平衡包围”选项。这又是做什么的？

你或许已经了解，使用自动包围曝光可以拍出从暗到亮的一系列照片，而白平衡包围也与此类似。在很多相机中，不仅允许手动调节白平衡，也可以在选定色温值的正负两个方向范围之内，拍摄一系列色温值不同的照片。如想要让画面略微偏暖或者偏冷，那么使用白平衡包围，就能获得这样的效果。

在拍摄日落时分的风光时，为了让画面更有气氛，如果想保留光线的暖调，有什么办法能让白平衡设置不要把这种暖调消除掉吗？

的确，某些时候会希望保留画面中的偏色。比如在拍摄日落时，金色的光线会增加画面的气氛，而如果将这种色调去除，就会让画面显得苍白、平淡。为了确保画面的白平衡，最好使用 RAW 格式拍摄，这能对画面的控制更加灵活。而如果使用 JPEG 格式拍摄，图像的白平衡设置会在相机系统内完成。

当然，也可以在后期处理阶段，使用 Photoshop 对色彩平衡进行调整，但是这将是一种有损操作——它将牺牲一些图像品质。

而如果使用 RAW 格式拍摄的话，可以在 Adobe Camera Raw 或其他的 RAW 文件处理器中，随时对图像的白平衡设置进行更改。如果想让某张照片更暖一点或者更冷一点，只需要将“色温”滑块向左或者向右移动就可以了，就这么简单！

5. 混合光源

在很多场景中，光线的色温并不是单一的，而是由不同色温的光线混合而成的，比如日光与阴影。在这种情况下，可以使用自动白平衡，或者选择与主导光线一致的白平衡预设。以 RAW 格式拍摄，这样在后期处理的过程中，可以创建不同白平衡设置的多个图像版本，并且将它们进行合成。

如图 2-20 所示，这里使用了日光白平衡设置，其效果就是，阳光照射的一侧色彩还原是准确的，而阴影覆盖的一侧画面则会偏蓝。

图 2-20

在图 2-21 中，白平衡设置为阴影，所以图片右侧的色彩还原是准确的，而另一侧偏暖。相比之下，左侧更自然一些。

图 2-21

2.3.7 焦距和对焦

焦距，是光学系统中衡量光的聚集或发散的度量方式，指从透镜的光心到光聚集之焦点的距离。亦是照相机中，从镜片中心到底片或 CCD 等成像平面的距离。

1. 相机的焦距

相机的镜头是一组透镜，当平行光线穿过透镜时，会聚到一点上，这个点叫做焦点。焦点到透镜中心的距离，称为焦距。焦距固定的镜头，即定焦镜头；焦距可以调节变化的镜头，就是变焦镜头。在摄影领域，焦距主要反映了镜头视角的大小。对于传统 135 相机而言，50 mm左右的镜头的视角与人眼接近，拍摄时不变形，称为标准镜头，一般涵盖 40～70 mm 的范围，18～40 mm 称为广角或短焦镜头，70～135 mm 称为中焦镜头，135～500 mm 称为长焦镜头，500 mm 以上称为望远镜头，18 mm 以下称为鱼眼或超广角镜头，这种范围的划分只是人们的习惯，并没有严格的定义。

2. 数码相机的画幅

由于数码相机的 CCD 尺寸不同，通常称为全画幅数码相机与非全画幅数码相机（图 2-22）。135 胶卷的感光面积为 36 mm×24 mm。数码单反相机的 CCD（或 CMOS）尺寸和 135 胶卷的尺寸相同，称为“全画幅”。

1996 年由富士、柯达、佳能、美能达、尼康五大公司联合开发的 APS 系统开始面世。

APS 是“Advance Photo System”的缩写，译为“先进摄影系统”。APS 与 135 系统的画幅格式完全不同，共设计了三种底片画幅（H、C、P）：H 型是满画幅（30.3 mm×16.6 mm），长宽比为 16∶9；C 型是在满画幅的左右两头各挡去一端，长宽比为 3∶2（24.9 mm×16.6 mm），与 135 底片同比例；P 型是满幅的上下两边各挡去一条，使画面长宽比例为 3∶1（30.3 mm×10.1 mm），称为全景模式。

图 2-22　尼康带有“FX”标志的全画幅数码相机

数码单反相机大多采用和 APS-C 型胶片近似一样大小的 CCD 或 CMOS 感光器件（奥林帕斯 4/3 系统），所以人们就把这种大小的感光器件称之为“APS-C 规格”。

“非全幅”在使用镜头时，其实际视角并未达到镜头的最大视角，它要乘以“镜头等效系数”才能换算出当前的等效焦距。例如，佳能 EOS 30D 的感光器件 CMOS 的成像面积为 22.5 mm×15 mm，“镜头等效系数”为 1.6，镜头标称焦距要乘以 1.6 得出的焦距，才是等效的视角。

3. 相机对焦

对焦的英文学名为 Focus，通常数码相机有多种对焦方式，分别是自动对焦、手动对焦和多重对焦方式。

（1）自动对焦

传统相机，采取一种类似目测测距的方式实现自动对焦，即相机发射一种红外线（或其他射线），根据被摄体的反射确定被摄体的距离，然后根据测得的结果调整镜头组合，实现自动对焦。这种自动对焦方式的优点是直接、速度快、容易实现、成本低，但有时候会出错（相机和被摄体之间有其他物体如玻璃时，或者在光线不足的情况下），精度也差，如今高档的相机一般已经不使用此种方式。因为是相机主动发射射线，故称主动式，又因它实际只是测距，并不通过镜头的实际成像判断是否正确结焦，所以又称为非 TTL 式。

相对于主动式自动对焦，后来发展了被动式自动对焦，也就是根据镜头的实际成像判断是否正确结焦，判断的依据一般是反差检测式，具体原理相当复杂。因为这种方式是通过镜头成像实现的，故称为 TTL 自动对焦。也正是由于这种自动对焦方式基于镜头成像实现，因此对焦精度高，出现差错的比率低，但技术复杂，速度较慢（采用超声波马达的高级自动对焦镜头除外），成本也较高。

（2）手动对焦

手动对焦，是通过手工转动对焦环来调节相机镜头从而使拍摄出来的照片清晰的一种对焦方式，这种方式在很大程度上面依赖于人眼对对焦屏上的影像的判别以及拍摄者的熟练程度甚至拍摄者的视力。早期的单镜反光相机与旁轴相机基本都是使用手动对焦来完成调焦操作的。现在的准专业及专业数码相机、单反数码相机都设有手动对焦的功能,以配合不同的拍摄需要。

(3) 多重对焦

很多数码相机都有多点对焦功能,或者区域对焦功能。当对焦中心不设置在图片中心时,可以使用多点对焦,或者多重对焦。除了设置对焦点的位置,还可以设定对焦范围,这样,用户可拍摄不同效果的图片。常见的多点对焦为 5 点、7 点和 9 点对焦。

(4) 全息自动对焦

全息自动对焦功能(Hologram AF),是索尼数码相机独有的功能,也是一种崭新的自动对焦光学系统,采用先进激光全息摄影技术,利用激光点检测拍摄主体的边缘,就算处于黑暗的环境下亦能拍摄准确对焦的照片,有效拍摄距离达 4.5 米。

2.3.8 摄影景深

在进行拍摄时,调节相机镜头,使距离相机一定距离的景物清晰成像的过程称为对焦。景物所在的点,称为对焦点,因为"清晰"并不是一种绝对的概念,所以,对焦点前(靠近相机)、后方一定距离内的景物的成像都可以是清晰的,这个前后范围的总和,就叫做景深,只要在这个范围之内的景物,都能清楚地拍摄到(图 2-23)。

图 2-23 利用小景深拍摄的景物

景深的大小,首先与镜头焦距有关,焦距长的镜头,景深小;焦距短的镜头,景深大。其二，景深与光圈有关，光圈越小（数值越大，例如 f16 的光圈比 f11 的光圈小），景深就越大；光圈越大（数值越小，例如 f2.8 的光圈大于 f5.6）景深就越小。其三，前景深小于后景深，也就是说，精确对焦之后，对焦点前面只有很短一点距离内的景物能清晰成像，而对焦点后面很长一段距离内的景物，都是清晰的。

2.3.9 景深的形成及影响景深的因素

当相机的镜头对着某一物体聚焦清晰时，在镜头中心所对的位置垂直镜头轴线的同一平面的点都可以在胶片或者接收器上有相当清晰的图像，在这个平面沿着镜头轴线的前面和后面一定范围的点也可以结成眼睛可以接受的较清晰的像点。

理论上，光轴平行的光线射入凸透镜时，理想的镜头应该是将所有的光线聚集在一点后，再以锥状扩散开来，这个聚集所有光线的一点，叫做焦点。

在焦点前后，光线开始聚集和扩散，点的影像变成模糊的，形成一个扩大的圆，这个圆叫做弥散圆。

在现实中，观赏拍摄的影像是以某种方式（比如投影、放大成照片等）来观察的，人的肉眼所感受到的影像与放大倍率、投影距离及观看距离有很大的关系，如果弥散圆的直径小于人眼的鉴别能力，在一定范围内实际影像产生的模糊是不能辨认的。这个不能辨认的弥散圆称为容许弥散圆（permissible circle of confusion）。在焦点的前、后各有一个容许弥散圆。弥散圆与景深原理如图 2-24 所示。

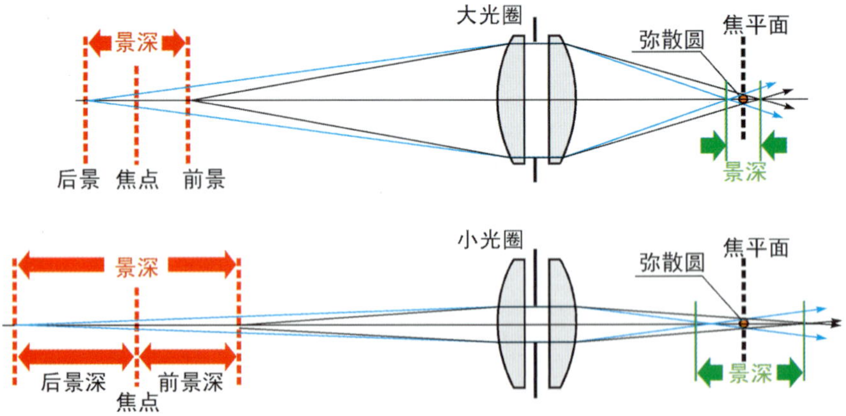

图 2-24　弥散圆与景深

以持照相机拍摄者为基准，从焦点到近处容许弥散圆的距离叫做前景深，从焦点到远方容许弥散圆的距离叫做后景深。

光圈、镜头以及拍摄物的距离是影响景深的重要因素：

（1）光圈越大，景深越小；光圈越小，景深越大。

（2）镜头焦距越长，景深越小；反之，景深越大。

(3) 主体越近,景深越小;主体越远,景深越大。

决定景深的四个因素,分别为镜头焦距,被拍摄体的距离,光圈的大小以及感光元件大小(与容许弥散圆半径有关)。

镜头的焦距越短,景深的范围就越大;光圈越小,景深就越大。例如,一个超广角镜头几乎在所有的光圈下都有极大的景深;一个长焦镜头即使在最小光圈的情况下,景深范围也会非常有限。一些单镜头反光相机都有景深预测按钮,所以在按下快门之前就可以预测到景深的情况。

2.4 数码相机附件

2.4.1 镜头及附加镜滤镜

摄影镜头是由一枚或多枚镜片构成的设备。镜片,指能够以不同方式"弯曲"光线的、有一定形状的玻璃。镜头中的每一枚镜片都有不同功能,将它们组合在一起使在成像芯片上结出清晰的影像。

镜头的任务只有一个:将光线聚焦于成像芯片上。这句话听起来很简单,其实镜头设计有极高的技术含量。最大的挑战是,摄影者不会希望镜头的成像仅一部分清晰,而会要求整个画面都清晰,包括边缘和四角。

如果这听起来还不够复杂,那么再引入变焦镜头。对变焦镜头而言,除了要满足上面的要求之外,还需要在可用焦段范围内都能精确地聚焦光线。这其中的复杂性已经超过本书的范围。

下面先来认识一下镜头中不同部分的名称,如图 2-25 所示。

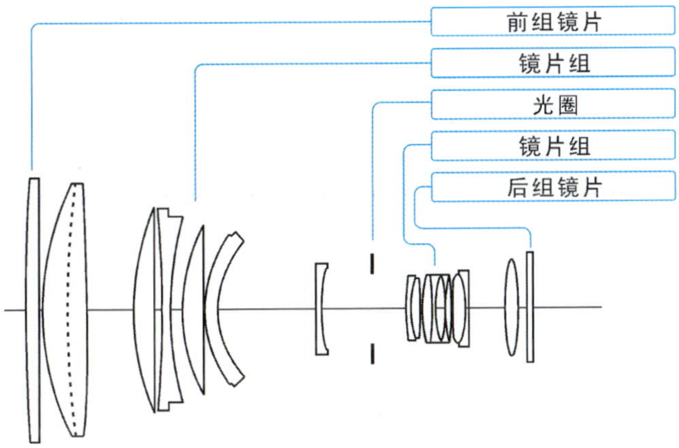

图 2-25 镜头的内部结构

有些镜片是固定在镜筒上的，有些则是可移动的。镜头有可移动镜片（组）的主要原因是为了实现对焦、变焦或光学防抖。

镜头外部有很多不同的开关和标识。从外观看，不同厂家的镜头有很大不同，图 2-26 中标出了主要的镜头标识。摄影者能在镜头上发现的主要的开关是“MF/AF”切换键，这用来在手动对焦和自动对焦之间切换。

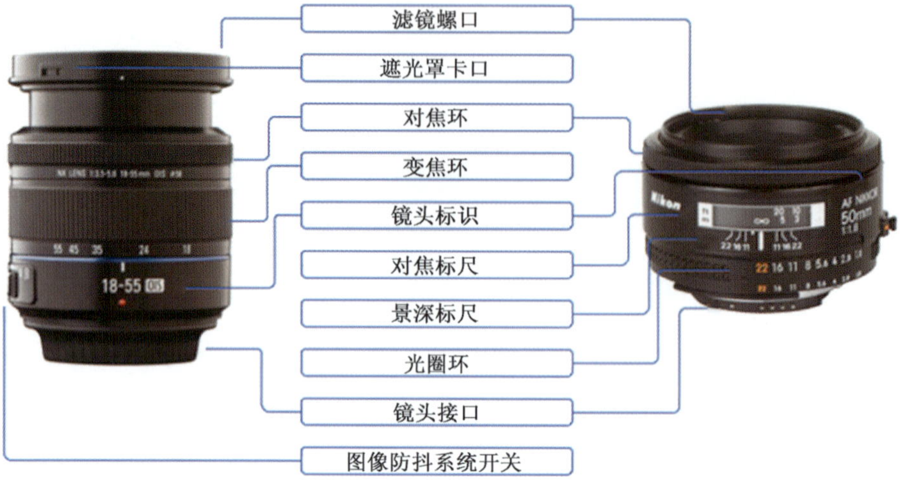

图 2-26　镜头的外部结构

1. 变焦镜头

变焦镜头在一定范围内可以变换焦距，从而得到不同宽窄的视场角、不同大小的影像和不同景物范围的照相机镜头。变焦镜头在不改变拍摄距离的情况下，可以通过变动焦距来改变拍摄范围，因此非常有利于画面构图。由于一个变焦镜头还可以兼有若干个定焦镜头的作用，外出旅游时不仅减少了携带摄影器材的数量，也节省了更换镜头的时间。

图 2-27　24～105 mm 变焦镜头

变焦镜头的最大特点，或者说它的最大价值是，实现了镜头焦距可按摄影者意愿变换的功能。与定焦镜头不同，变焦镜头并不是依靠快速更换镜头来实现镜头焦距变换的，而是通过推拉或旋转镜头的变焦环来实现的。在镜头变焦范围内，焦距可无级变换，即变焦范围内的任何焦距都能用来摄影，这就为实现构图的多样化创造了条件。变焦镜头自身的任何一级焦距与其他相同焦距的定焦镜头功能是一样的。但变焦镜头不限制摄影者使用哪一级焦距，因而在使用操作上要便利灵活得多。它不仅省却了外出拍摄时需携带和更换多只不同焦距镜头的麻烦，甚至在临按快门前，摄影者还能通过变换镜头焦距对被摄体进行取舍，对画面进行剪裁，以期在拍摄前把画面构图安排得更为理想。变焦镜头变换焦距的快捷程度，是定焦镜头通过更换镜头变换焦距无法相比的。35 mm 自动袖珍照相机或部分 35 mm 单镜头反光照相机的变焦镜头还采用了电动变焦模式。电动变焦不仅仅省力和便捷，更重要的是实现了均速变焦，这对摄影者通过焦距的细微变化剪裁画面、确定构图十分有利。变焦镜头通过在照相机快门开启的瞬间变焦，还能进行“爆炸效果”。有的照相机还依靠自动控制变焦镜头的焦距变换实现自动构图功能。最新的 35 mm单镜头反光照相机，还设置了自动记忆镜头焦距的功能，这一功能可允许摄影者设定照相机记忆一种或数种使用频率较高的镜头焦距，随时将镜头焦距变换至先前记忆的焦距。

当然，相对定焦镜头而言，变焦镜头的结构比较复杂，分量较重。非品牌的变焦镜头，成像质量肯定逊于相应的定焦镜头。

2. 定焦镜头

定焦镜头特指只有一个固定焦距的镜头，只有一个焦段，或者说只有一个视野（图 2-28）。定焦镜头没有变焦功能。定焦镜头数码相机所拍摄的运动物体图像清晰而稳定，对焦非常准确，画面细腻，颗粒感非常轻微，测光也比较准确。定焦镜头的设计相对变焦镜头而言要简单得多，但一般变焦镜头在变焦过程中对成像会有所影响，而定焦镜头相对于变焦镜头的最大好处就是对焦速度快，成像质量稳定。定焦镜头的好处，主要体现在短焦段的使用上。

图 2-28　尼康 DX 35 mm 定焦镜头

（1）定焦的广角或标准镜头一般都比涵盖相应焦距段的变焦镜头口径大。一般的定焦广角和中焦镜头的光圈都在 2.8 以上，通光量大，便于在低照度情况下拍摄。

（2）定焦的广角镜头一般都比涵盖相应焦距段的变焦镜头最近对焦距离近。比如 EF17-35 的最近对焦距离是 0.42 m，而 EF20/2.8、EF24/1.4、EF28/1.8、EF35/2 的最近对焦距离都是 0.25m。最近对焦距离小好处很多，尤其对于广角镜头而言，对焦距离近意味着能够非常近地接近拍摄主体，得到大的结像，而且和它们的大光圈配合能够实现变焦广角镜头不容易实现的广角背景虚化效果。

（3）定焦广角镜头一般都比涵盖相应焦距段的变焦镜头体积小，重量轻。这能使相机不那么扎眼，便于抓拍。

（4）广角定焦镜头一般都比变焦镜头的广角段成像好，这是镜头的设计所决定的。变焦镜头由于要考虑所有焦距段都有相对好的成像，就要牺牲局部的利益让整体有一个相对好的表现，但定焦镜头不用考虑这些。

3. 镜头的标识

下面用图 2-29 来帮助记忆镜头上的标识。

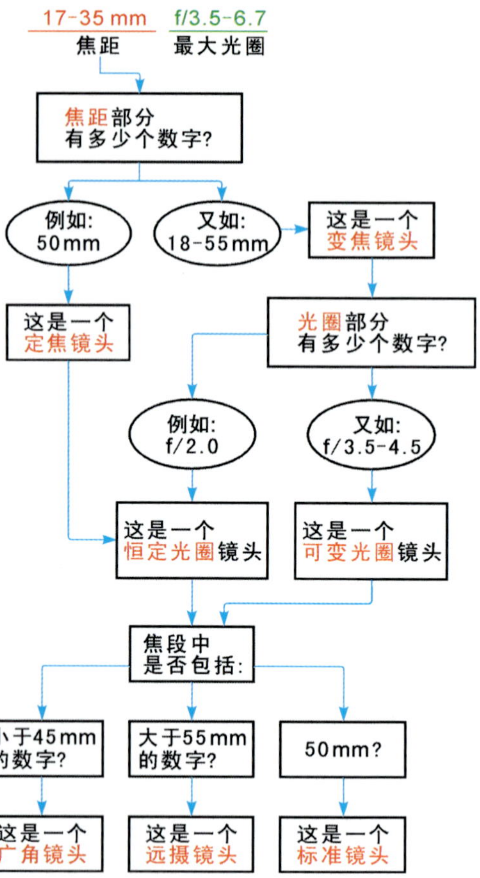

图 2-29 镜头上的标识

镜身标识中的第一组数字是焦距,以 mm 为单位。如果数字只有 1 个,说明这个镜头只有一个焦距,也就是定焦镜头;如果有 2 个用横杠连起来的数字,说明这是一个变焦镜头。

标识中的第二组数字是最大光圈。如果只有 1 个,说明这是一个恒定光圈镜头;如果有 2 个数字,这是一个可变光圈镜头。

∞—0.5 m——有时能看到这个“无限大”的符号。这是对焦距离,也就是镜头能够工作的范围。右边的数字是最近对焦距离,通常会同时用米和英尺标注。

IS/OIS/VR——这是影像防抖(Image Stabilised)、光学影像防抖(Optical Image Stabilisation)、震动减弱(Vibration Reduction)的缩写。这说明镜头中有一组由马达驱动的“浮动”镜片。镜头会检测震动的方向和强度,然后反向移动镜片以抵消震动。

Asph/ASP——表示镜头内拥有非球面镜片。非球面镜片可以有效减少摄影镜头的像差。

Macro/CRC——表示该镜头针对微距摄影用途进行了特别设计，适合用来拍摄花朵、昆虫等小物体。注意，并非所有微距镜头都能产生 1∶1 大小的照片。

USM/HSM/SWM——分别代表超声波马达（Ultrasonic motor）、高速马达（High Speed Motor）和静音超声波马达（Silent Wave Motor）。搭载超声波马达的镜头 AF 速度更快、更安静。

DX（尼康）/EF-S（佳能）——这些镜头是针对 APS-C 机身设计的。它们更小、更轻，但不能用于全画幅相机，因为成像圈较小，后镜组离传感器距离也较近。

其他标识——很多镜头厂商都有其附加标识。比如佳能会在专业镜头上印上红色的“L”字母；适马会给特殊镜片标上“EX”等。制造商喜欢使用听起来很高档的缩写词，但这对于摄影师来说意义不大。

大部分镜头在前端都有滤镜螺纹接口，可以安装各种滤镜。滤镜可以实现各种效果，比如为场景增加色彩，帮助压暗场景，增加特殊效果，等等。

4. 摄影滤镜

数码相机提供的白平衡功能导致很多装在镜头上的外置彩色滤镜失去了作用。不过，这里有一些滤镜仍然很有用。

(1) UV 镜

现在很多镜头都有优秀的 UV 镀膜，所以再装一块 UV 镜似乎有些多余。不过，这些镜头还是需要一些保护来避免碰划、灰尘颗粒、海水、树枝等伤害。换一块滤镜的价钱可比换镜头前镜组要便宜得多了。有人也许会说不该在昂贵的镜头上使用便宜滤镜，不过如今便宜滤镜的质量也有很不错的，而且它起到的保护作用远比损失的画质重要。

很多摄影师会在镜头前装一片天光镜或 UV 镜来保护镜头。因为滤镜比镜头便宜得多，也更容易更换。使用滤镜会对画质造成轻微的损失。是否使用滤镜主要取决于摄影者是否愿意牺牲一点画质来换取安全；相反，这样做就没必要。

(2) 偏振镜

圆形偏振镜的设计是为了应对高光和反射光。它可以使蓝天更蓝，白云更白。通过转动滤镜外圈，可以调整偏振镜的效果。为了保持自然的视觉效果，通常只使用一半的效果。如果用得太多，天空和云的反差会过大，令画面看起来很假。拍摄中，可以反复转动偏振镜，找到最佳的位置。图 2-30 为加有偏振镜拍摄风景时的效果。

偏振镜在拍摄水面时非常有用，它可以消除水面反光，令画面直透水底。偏振镜最适合在晴天使用，当与太阳成 90 度夹角时效果最好。

另外要注意的是，使用偏振镜会增加 0.75～2 级的光损失，为了避免相机测光表错误，一定要使用圆形偏振镜，不要用线偏振镜。在 Photoshop 中是无法“做”出圆偏镜效果的。后期处理可以模拟出一些效果，但是无法消除反射高光。很多专业摄影师都认为偏振镜是必备附件之一。

(3) 渐变灰镜

渐变灰镜的一半是透明的，另一半则是中灰滤镜。通过把灰镜部分覆盖在天空上，可以

图 2-30　加有偏振镜拍摄风景

平衡高光与暗部区的曝光量。渐变灰镜通常是正方形的，需要通过另外的滤镜架装在镜头前面。

渐变灰镜有不同的密度或“级”，并且是连续渐变的。这一点确保了滤镜效果不会在照片中被明显看出。渐变灰镜特别适用于风光摄影，尤其是前景与天空亮度差异较大时。图 2-31 为使用渐变中灰滤镜拍摄的效果。

图 2-31　渐变中灰滤镜拍摄

(4) 中性灰镜

中性灰镜与渐变灰镜类似,只是整块镜片都是灰度的。它们不会导致偏色或其他效果,只是会减少曝光量。如果在晴天拍摄流水,会因为环境太亮而难以降低快门速度拍出流动的水。使用中性灰镜就可以降低快门速度实现这一目的。中性灰镜通常有 2 级或 3 级的类型。

有一些镜头无法在前端安装滤镜,比如像鱼眼这样的特殊镜头。由于前镜组会极端地凸出,所以没有空间安装滤镜。有一些镜头设计了后置滤镜槽,可以把滤镜片从镜头后部插入。这些滤镜没有保护作用,只能用来增加特殊效果。图 2-32 为安装方形渐变中灰滤镜的数码相机。

大部分滤镜效果可以在 Photoshop 中模拟出来,不过这是一些进阶技巧而且需要花费时间。对于简单的改变色温的滤镜来说,使用“照片滤镜”图层就可以实现。为了模拟渐变灰镜的效果,在前期拍摄时必须以不同曝光拍摄 2 次,然后在 Photoshop 中进行合成。切记,过度的调整会降低画质。

图 2-32　安装方形渐变中灰滤镜的数码相机

2.4.2　镜头遮光罩

镜头遮光罩(图 2-33)安装在摄影镜头、数码相机以及摄像机的前端来遮挡有害光,也是最常用的摄影附件之一。遮光罩的材质有金属的、硬塑的、软胶的。不同镜头用的遮光罩型号是不同的,并且不能互换。遮光罩对于可见光镜头来说是一个不可缺少的附件,严格地说,遮光罩是镜头光学系统的一个组成部分。一个镜头是由数枚或十数枚镜片组成。而每一枚镜片都会有两个反射面,一个镜头则存在着几十个反射面,反射面越多,对镜头成像的影响就越大。特别是在逆光或侧逆光拍摄时,多个反射面就会相互干扰形成光晕。光晕会使画面色彩暗淡(色彩不饱和) 或出现耀斑。有时所拍摄的画面就像蒙上了一层薄雾,实际上这就是未使用遮光罩所造成的,而并非镜头的质量问题。优质遮光罩的内壁是经过多重消光处理的,其内壁的反射率仅为 10%左右,使用时本身不会对镜片产生折射。使用遮光罩可抑制画面光晕、避免杂光进入镜头、阻挡雨雪溅落、保护相机和镜头免遭意外碰撞,对于充分发挥镜头光学的潜在素质等具有良好的作用和效果。

图 2-33　遮光罩

常见遮光罩有圆筒形、花瓣型、方形三类，通常以前两类居多。

花瓣型遮光罩多用在广角镜头上，既避免在短焦端四周出现黑角，又顾及在较长焦端有足够的遮光能力。这是因为广角镜头视角比较大，而相机底片或感光元件为长方型；长焦镜头的视角较小，遮光罩长度一般较长，因此不必做成花瓣的，所以圆形居多。

图 2-34　不同焦段变焦镜头安装遮光罩

遮光罩有多种尺寸，应与镜头焦距相匹配（图 2-34）。镜头焦距越短，视角越大，遮光罩也就越短。如将标准镜头的遮光罩套在广角镜头上使用，势必产生画面四周不能成像的后果。

在室外摄影时应尽量使用遮光罩，这对于提高拍摄质量是非常有益的。在相同的测试条件下（侧逆光、远景）做了一组试验。对使用遮光罩与不使用遮光罩的两组进行比较，其中使用遮光罩的一组画面较未使用遮光罩的一组画面的画质有较大的提高。具体表现为：使用遮光罩的一组画面右上角天空部位的光晕消失，画面色彩饱和度及清晰度都有明显的提高。遮光罩的作用是抑制杂散光线进入镜头从而消除雾霭，提高成像的清晰度与色彩还原，主要用途如下：

（1）在逆光、侧光或闪光灯摄影时，能防止非成像光的进入，避免雾霭；

（2）在顺光和侧光摄影时，可以避免周围的散射光进入镜头；

（3）在灯光摄影或夜间摄影时，可以避免周围的干扰光进入镜头；

（4）可以防止对镜头的意外损伤，也可以避免手指误触镜头表面，而且在某种程度上为镜头遮挡风沙、雨雪等。

遮光罩广泛用于逆光摄影，通常情况下可以避免眩光。但是，如果光源距离近，仍有可能发生眩光现象，此时可以用手在光源所在的一侧遮挡遮光罩，眩光是否消除，可以直接在取景器中观察效果。除了镜头本身的光学性能以外，遮光罩的作用非常明显，没有使用遮光罩的图片无论色彩、锐度和反差都不理想，而使用了遮光罩的图片在这几方面都有良好的表现，小小遮光罩，效果大不同。

使用遮光罩既是提高画面质量的手段，也是一种良好的职业习惯，同时还是一个严谨摄影师专业素养的表现。

2.4.3　闪光灯

闪光灯能在很短时间内发出很强的光线，是照相感光的摄影配件。多用于光线较暗的场合瞬间照明，也用于光线较亮的场合给被拍摄对象局部补光。闪光灯外形小巧，使用安全，携带方便，性能稳定。

1. 闪光灯的类别

闪光灯大致可以分为内置闪光灯、外置闪光灯、手柄式闪光灯三类。根据闪光灯的类型不同，其功能和性能也不同。

(1) 内置闪光灯

使用内置闪光灯(图 2-35)会造成相机电量的大量消耗，而且内置闪光灯不支持闪光灯的各种高级功能。

图 2-35　内置闪光灯

图 2-36　外置闪光灯

(2) 外置闪光灯

外置闪光灯(图 2-36)一般位于相机机身顶部，一些高端的外置闪光灯还提供各种高级的功能。

(3) 手柄式闪光灯

手柄式闪光灯常用于照相馆、影楼、婚纱摄影工作室等专业场所。

2. 使用闪光灯的利弊

使用闪光灯也会出现弊端，例如在拍人物时，闪光灯的光线可能会在眼睛的瞳孔发生残留的现象，进而发生“红眼”的情形。因此许多相机生产商都将“消除红眼”功能加入设计，在闪光灯开启前先打出微弱光让瞳孔适应，然后再执行真正的闪光，避免红眼发生。中低档数码相机一般都具备三种闪光灯模式，即自动闪光、消除红眼与关闭闪光灯。再高档一些的相机还提供“强制闪光”，甚至“慢速闪光”功能。

闪光灯是一种补光设备，它可以保证在昏暗情况下拍摄画面的清晰明亮，在户外拍摄时，闪光灯还可用作辅助光源，用以强调皮肤的色调。还可以根据摄影师的要求布置特殊效果，如：改变色温；改善被摄体照明条件；反射用光，不破坏被摄体现场环境；添加眼神光；多灯组合，塑造被摄体形象；减小或加大反差；瞬间凝固被摄体；补光等。

3. 闪光灯的作用

(1) 现场补光

闪光灯的主要作用是用于在光线不足的情况下照亮场景，获得正确曝光的影像。多数数码相机有自动闪光选项，当现场光线不足时，闪光灯会自动弹出、闪光。

（2）提高快门速度

很多时候使用闪光灯，并不是因为光线不足以正确曝光，而是为了提高快门速度，以达到凝固动态影像的目的。例如，要拍摄水滴或活动中的人像，如果按普通的测光值进行曝光，影像就会虚化，不够清晰，而采用闪光灯能把这些影像凝固下来。

（3）增加景深

影像的景深效果是和光圈大小密切相关的，通常光圈大，景深就小；光圈小，景深就大。利用这个原理，可以用闪光灯来增加景深。

有时候因为现场光线的限制，不得不采用大光圈来拍摄，但却使得景深不够，而当采用闪光灯的时候，可以相应地缩小光圈拍摄，有效地增加景深。

（4）突出前景

很多时候，拍摄背景不够理想或根本就不是摄影师想要的，这时可以尝试利用闪光来排除背景。因为闪光拍摄时，快门速度较高，闪光投射范围以外的背景会因曝光不足而无法表现，而前景由于闪光照射而正确曝光，这样就可以把前景突出，排除背景干扰。

（5）降低反差

闪光灯的另一个最常见用法是逆光补光。拍摄时，场景中光线反差过大的情况是很常见的（例如逆光下的人像），因为 CCD 或胶片能够表现的亮度范围有限，所以在反差过大的场景中，不管针对亮部曝光还是针对暗部曝光，都会造成部分影像细节的丢失。

遇到这种情况，最好的做法是针对暗部进行适当的补光，以减少画面反差。当然对亮部减光也是可以的，闪光灯在这种情况下就是最有力的武器了。具体的做法很简单，打开闪光灯，拍摄时照亮暗部即可，效果通常都不错。

（6）调整色温

在电灯下拍摄，照片很容易呈现偏黄、红色的暖色调，因为钨丝灯的色温低，而加用闪光灯，就可以有效地调整色温，使被摄物的色彩正确还原。在数码相机中还可以通过调整“白平衡”来实现调整色温。

2.4.4 三脚架

三脚架（图 2-37）无论对于业余用户还是专业用户都是不可忽视的，它的主要作用是稳定照相机，以达到某些摄影效果。最常见的是在长曝光中使用三脚架。如果要拍摄夜景或者带涌动轨迹的图片时，曝光时间需要加长，数码相机不能抖动，此时就需要三脚架的帮助。三脚架的选择有很多，使用三脚架的目的主要是希望能为一些拍摄情况提供稳定的拍摄状态，但也有很多情况会导致三脚架产生不稳定。例如，使用重量较轻的三脚架或所谓的便携式三脚架，在开启角架时会出现不平衡或未上钮的情况，又或者在正式使用时过分拉高了中间的轴心杆等，都会使三脚架晃动。

(a) 专业摄影三脚架

(b) 专业摄像三脚架

图 2-37　三角架

三脚架按照材质可以分为木质、高强塑料材质，合金材料、钢铁材料、碳纤维等多种。

最常见的材质是铝合金。铝合金材质三脚架的优点是重量轻，坚固。最新式的脚架则是使用碳纤维材质制造，具有比铝合金更好的韧性及重量更轻等优点，常背着脚架外出拍照的人尤其重视脚架的重量，希望它能越轻越好。

2.4.5　数字存储卡

数码相机将图像信号转换为数据文件保存在磁介质设备或者光记录介质上。如果说数码相机是电脑的主机，那么存储卡相当于电脑的硬盘。存储记忆体除了可以记载图像文件以外，还可以记载其他类型的文件，通过 USB 与电脑相连，就成了一个移动硬盘。

用于存储图像的介质越来越多，如何选择合适的存储介质对数码摄影者尤其是从事数码摄影职业的专业人士来说，是很重要的一件事。选择存储设备时要考虑到以下四个方面。

(1) 设备与可转移介质的价格；

(2) 可存储的信息量；

(3) 存储介质的使用寿命；

(4) 从磁盘上读写信息的速度，即由驱动器决定的数据转移速度。

市场上常见的存储介质有 CF 卡、SD 卡、MicroSD 卡、记忆棒(Memory Stick)和微型硬盘 MicroDrive。

1. CF 卡

CF 卡的英文全称是 Compact Flash。CF 格式拥有悠久的历史，雏形是由 SanDisk、HITACH、TOSHIBA、德国 Ingentix、Panasonic 等 5C 联盟提出并定立标准，由 SanDisk 于 1994 年首次制造出来。最初的 CF 卡主要在笔记本电脑上作为外存储器使用，并且可以通过专用的适配器转接在笔记本电脑的 PCMICA 接口上（等同于 PCMICA 接口读卡器），以保存珍贵的文件资料，扩充系统的内存容量。至今，CF 的接口已经得到很大的改进，推出了带 I/O 功能的 CF II 接口标准，并提高了接口的传输速度，支持 CF 接口的外设。

CF 卡的标准大小为 43 mm×36 mm×3.3 mm，50 Pins。体积约为 PCMCIA 卡的 1/4，重量小于 12 g，支持 3.3 V 和 5 V 两种操作电压。由于 CF 卡的体积相对较大，在当今时尚便携的数码产品中已经很少采用了，而多用于要求容量极大、速度极高的专业产品领域，主流的单反数码相机和高端消费相机基本上都支持 CF 卡，以获取高容量预告速度。同时，高速度、高容量、高稳定性的 CF 接口产品依然一浪接一浪地推出，并且由于 CF 卡相对庞大的体积，使得当今闪存卡上的容量纪录常在 CF 卡寻求突破口。可以说，CF 接口的存储卡代表了闪存芯片最高的性能与容量。

2. SD 卡

SD 卡（图 2-38）就是 Secure Digital Card——安全数码卡，是由日本松下公司、东芝公司和美国 SanDisk 公司共同开发研制的，具有大容量、高性能，尤其是安全等多种特点的多功能存储卡。它比 MMC 卡多了一个进行数据著作权保护的暗号认证功能（SDMI 规格）。现多用于 MP3、数码摄像机、电子图书、微型电脑、AV 器材等。大小尺寸比 MMC 卡略厚一点，为 32 mm×24 mm×2.1 mm，容量则要大许多。另外，SD 卡的读写速度要比 MMC 卡快 4 倍，达 2 MB/s。同时与 MMC 卡兼容，SD 卡的插口大多支持 MMC 卡。

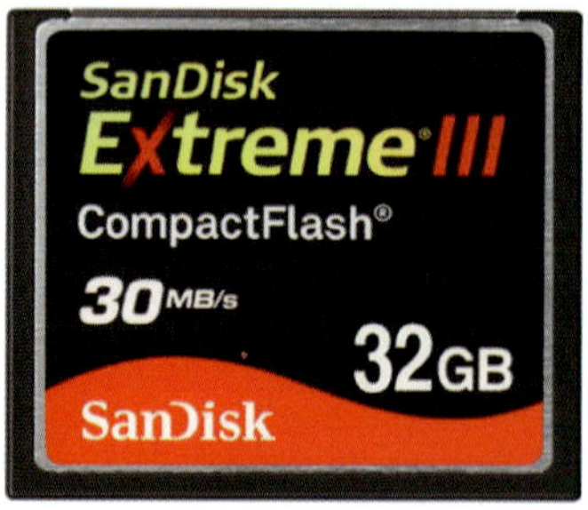

(a) 32GB SD 存储卡

(b) 2.0GB SD 卡

图 2-38　SD 卡

3. SDHC 卡

SDHC 卡（图 2-39）是“High Capacity SD Memory Card”的缩写，即“高容量 SD 存储卡”。2006 年 5 月，SD 协会发布了最新版的 SD 2.0 的系统规范，其中规定 SDHC 卡是符合

新的规范、且容量大于 2 GB 小于等于 32 GB 的 SD 卡。SDHC 卡最大的特点就是高容量(2～32 GB)。另外，SD 协会规定，SDHC 卡必须采用 FAT32 文件系统，这是因为之前在 SD 卡中使用的 FAT16 文件系统所支持的最大容量为 2 GB，并不能满足 SDHC 卡的要求。

图 2-39　SDHC 卡

所有大于 2GB 容量的 SD 卡必须符合 SDHC 规范，规范中指出 SDHC 卡至少需符合 Class 2 的速度等级，并且在卡片上必须有 SDHC 标志和速度等级标志。

4. Micro SD 卡

Micro SD 卡(图 2-40)是一种极细小的快闪存储器卡，其格式源自 SanDisk 创造，原本这种记忆卡称为 T-Flash，后改称为 TransFlash，最后重新命名为 Micro SD 卡的原因是因为被 SD 协会(SDA)采立。另一些被 SDA 采立的记忆卡包括 miniSD 卡和 SD 卡。

图 2-40　Micro SD 卡

Micro SD 卡主要应用于移动电话，因它的体积微小和储存容量的不断提升，现在已经使用于 GPS 设备、便携式音乐播放器和一些快闪存储器盘中。

Micro SD 卡的体积为 15 mm×11 mm×1 mm，差不多相当于手指的大小，是时下最细小的记忆卡。它也能通过 SD 转接卡来接驳于 SD 卡插槽中使用。如今 Micro SD 卡可提供 128 MB、256 MB、512 MB、1 G、2 G、4 G、8 G、16 G、32 G 和 64 G 的容量。

5. MMC 卡

MMC(Multi Media Card，多媒体存储卡)由 SanDisk 公司和西门子公司在 1997 年发起，与传统的移动存储卡相比，其最明显的外在特征是尺寸更加微缩——只有普通的邮票大小(是 CF 卡尺寸的 1/5 左右)，外形尺寸只有 32 mm×24 mm×1.4 mm，而其重量不超过 2 g。这使其成为世界上最小的半导体移动存储卡，它对于越来越追求便携性的各类手持设备形成强有力的支持。

MMC 卡在设计之初是瞄准手机和寻呼机市场，之后因其小尺寸等独特优势而迅速被引入更多的应用领域，如数码相机、PDA、MP3 播放器、笔记本电脑、便携式游戏机、数码摄像机乃至手持式 GPS 等。

6. Memory Stick(记忆棒)

Memory Stick(记忆棒)是索尼公司与卡西欧公司、夏普公司等共同开发的一种超微体集成化电路的数字存储介质，主要用于索尼品牌的产品中。它分为 Memory Stick、Memory Stick PRO、Memory Stick Duo 以及 Memory Stick PRO Duo 四种，而后二者的尺寸相对较小，俗称短棒，主要应用于手机中。

Memory Stick(记忆棒)外形轻巧，并拥有全面多元化的功能。它的极高兼容性和前所未有的“通用储存媒体”(Universal Media)概念，为未来高科技个人电脑、电视、电话、数码照相机、摄像机和便携式个人视听器材提供新一代更高速、更大容量的数字信息储存、交换媒体。

除了外型小巧、具有极高稳定性和版权保护功能以及方便地使用于各种记忆棒系列产品等特点外，记忆棒的优势还在于索尼推出的大量利用该项技术的产品，如 DV 摄像机、数码相机、VAIO 个人电脑、彩色打印机、Walkman、IC 录音机、LCD 电视等。而 PC 卡转换器、3.5 英寸软盘转换器、并行出口转换器和 USB 读写器等全线附件，使得记忆棒可轻松实现与 PC 及苹果机的连接。

2.5 数字摄像机的基本介绍

2.5.1 数字摄像机的分类

1. 按照使用用途分类

(1) 广播级机型

广播级机型主要应用于广播电视领域，图像质量高，性能全面，但价格较高，体积也比较大(图 2-41)。根据使用目的的不同，又可以分为以下三种。

图 2-41　广播级数字摄像机

一是演播室用摄像机。是在有利于摄像机工作的条件，如照明强度、色温等适度环境下工作。为了提高性能指标，通常采用尺寸较大的摄像器件。因此，清晰度最高，信噪比最大，图像质量最好。当然，体积也大，价格也不是一般人能接受得了的。

二是新闻采访(ENG)用摄像机。由于这种摄像机的工作环境特殊，故体积小，重量轻，便于携带，对非标准照明情况具有良好的适应性，在恶劣环境下(如工作温度大范围的变化)有比较高的安全稳定性，具有调试方便、自动化程度高、操控灵活、携带方便等特点，其图像质量比演播室用摄像机稍低，价格也相对便宜些。

三是现场节目制作(EFP)摄像机，工作条件介于上述两种摄像机之间，性能指标也兼顾到这两个方面。图像质量与演播室用摄像机相近，但体积小一些，能满足轻便型现场节目制作的需要。

近几年来，摄像机朝着高质量、固体化、小型化、自动化、数字化的方向发展，以上三种广播用摄像机之间已不存在明显的界限，如日本索尼公司的 BVP-70P 型 EFP 摄像机，无论是在便携式还是演播室设备中，都代表了现代摄像机的技术水平。

广播级摄像机的水平分辨率一般在 700 线以上，价格一般在几万到几十万元。

（2）专业级机型

这类机型一般应用在广播电视以外的专业电视领域，如电化教育等，图像质量低于广播用摄像机，不过近几年一些高档专业摄像机在性能指标等很多方面已超过旧型号的广播级摄像机，价格一般在数万至十几万元（图 2-42）。

图 2-42　索尼专业高清数码摄像机

相对于消费级机型来说，专业 DV 不仅外型更酷、更夺人眼球，而且在配置上要高出不少。比如采用了有较好品质表现的镜头、CCD 的尺寸比较大等，在成像质量和适应环境上更为突出。代表机型有索尼公司的 DVCAM 系列机型。

（3）消费级机型

这类机型主要是适合家用，应用在图像质量要求不高的非业务场合，如家庭娱乐等（图 2-43）。这类摄像机体积小、重量轻，便于携带，操作简单，价格便宜。在要求不高的场合可以用它制作个人家庭的 VCD、DVD，价格一般在数千元至万元。

图 2-43　家庭用掌中 DV

如果再把家用数码摄像机细分类的话，大致可以分为入门级、中端消费级和高端准专业级产品。

2. 按照存储介质分类

（1）磁带式

磁带式摄像机（图 2-44），是指以 Mini DV 为纪录介质的数码摄像机，它最早在 1994 年由 10 多个厂家联合开发而成。通过 1/4 英寸的金属蒸镀带来记录高质量的数字视频信号。

（2）光盘式

光盘式摄像机（图 2-45），是指 DVD 数码摄像机，采用 DVD－R，DVR＋R，或是

DVD－RW，DVD＋RW 介质来存储动态视频图像。操作简单，携带方便。拍摄中不用担心重叠拍摄，更不用浪费时间去倒带或回放，尤其是可直接通过 DVD 播放器即刻播放，省去了后期编辑的麻烦。

DVD 介质是目前所有的介质数码摄像机中安全性、稳定性最高的，既不像磁带 DV 那样容易损耗，也不像硬盘式 DV 那样对防震有非常苛刻的要求。不足之处是 DVD 光盘的价格与磁带 DV 相比略微偏高，而且可刻录的时间相对较短。

图 2-44 索尼使用 miniDV 带的专业摄像机

图 2-45 光盘式数码摄像机

图 2-46 硬盘式数码摄像机

(3) 硬盘式

硬盘式摄像机(图 2-46)，是指采用硬盘作为存储介质的数码摄像机。2005 由 JVC 公司率先推出，用微硬盘作存储介质。

硬盘式摄像机具备很多好处，大容量硬盘摄像机能够确保长时间拍摄，使外出旅行拍摄不会有任何后顾之忧。回到家中向电脑传输拍摄素材，也无需 MiniDV 磁带摄像机那样烦琐、专业的视频采集设备，仅需应用 USB 连线与电脑连接，便可轻松完成素材导出，让普通家庭用户可轻松体验拍摄、编辑视频影片的乐趣。

微硬盘体积和 CF 卡一样，与 DVD 光盘相比体积更小，使用时间上也是众多存储介质中最可观的。但是由于硬盘式 DV 产生的时间并不长，还存在诸多不足，如防震性能差等。随着价格的进一步下降，未来需求人群必然会增加。

3. 按传感器类型分类

按照数字摄像机的传感器类型不同，可分为 CMOS 与 CCD 两种类型。

(1) CCD，即电荷藕合器件图像传感器(Charge Coupled Device)，是使用一种高感光度的半导体材料制成，能把光线转变成电荷，通过模数转换器芯片转换成数字信号。

(2) CMOS，即互补性氧化金属半导体(Complementary Metal-Oxide Semiconductor)，

与 CCD 一样同为在数码摄像机中可记录光线变化的半导体。

在相同分辨率下，CMOS 价格比 CCD 便宜，但是 CMOS 器件产生的图像质量相比 CCD 来说要低一些。到目前为止，市面上绝大多数的消费级以及高端数码相机都使用 CCD 作为感应器；CMOS 感应器则作为低端产品应用于一些摄像头上，不过一些高端的产品也采用了特制的 CMOS 作为光感器，如索尼的数款高端 CMOS 机型。

4. 按传感器数目分类

按照数字摄像机的传感器数目不同，可以分为单 CCD 与 3CCD 两种类型。

图像感光器数量，即数码摄像机感光器件 CCD 或 CMOS 的数量。多数数码摄像机采用了单个 CCD 做为其感光器件，而一些中高端的数码摄像机则是用 3CCD 作为其感光器件(图 2-47)。

图 2-47　索尼 3CCD 专业数码摄像机

单 CCD 是指摄像机里只有一片 CCD 并用其进行亮度信号以及彩色信号的光电转换。由于一片 CCD 同时完成亮度信号和色度信号的转换，因此拍摄出来的图像在彩色还原上达不到很高的要求。

3CCD 顾名思义就是一台摄像机使用了 3 片 CCD。我们知道，光线如果通过一种特殊的棱镜后，会被分为红、绿、蓝三种颜色，而这三种颜色就是我们电视使用的三基色，通过这三基色，就可以产生包括亮度信号在内的所有电视信号。如果分别用一片 CCD 接受每一种颜色并转换为电信号，然后经过电路处理后产生图像信号，这样就构成了一个 3CCD 系统，几乎可以原封不动地显示影像的原色，不会因经过摄像机演绎而出现色彩误差的情况。

2.5.2　数字摄像机的特点

数字摄像机是指摄像机的图像处理及信号的记录全部使用数字信号完成的摄像机。最大的特征是磁带上记录的信号为数字信号，而非模拟信号。数字摄像机摄取的图像信号经 CCD 转化为电信号后，马上经电路进行数字化，以后在记录到磁带之前的所有处理全部为数字处理，最后将处理完的数字信号直接记录到磁带上。

数字摄像机具有以下一些特点：

(1) 图像质量佳。数字信号的使用可以将电路部分引入噪音的影响忽略不计。同时由于数字记录的特点，磁带的本底噪音对重放的图像信号的影响几乎没有，因此重放图像清晰干净，质量极佳。

（2）在记录过程中采用纠错编码，使得重放时磁带的信号失落可以得到有效补偿，画面失落少。

（3）记录密度高，机器体积小。数字记录能有效减小记录磁迹的宽度，提高磁带的记录密度。现在标准的摄像机使用的 MiniDV 磁带仅火柴盒大小，但在标准 SP 走带速度下可记录 60 min 的内容，LP 慢录时可记录 90 min（使用 DVM60 磁带）。磁带体积的缩小使机器的体积相应地缩小，从而出现了比手掌还小的真正的“掌中宝”摄像机。

（4）可靠性高。数字电路的高度一致性以及数字信号对电路性能离散性的低敏感使得里使用机械方式进行调整的电路部分几乎为零，大大提高了机器的可靠性，延长了机器的使用寿命。

（5）使用成本低。由于数字摄像机走带张力很小（仅数克），对磁带的磨损相应地减小。作为最贵重元件之一的磁鼓的使用寿命大大延长，使得维修费用相应地降低，从而降低使用成本。

（6）录音音质完美。数字摄像机的音频部分采用数字 PCM 方式记录到磁带上，具有极高的保真度，在 16 Bit 记录时其音质可以达到 CD 母盘的质量。

2.6 数字摄像机的结构和成像原理

2.6.1 数字摄像机的基本结构

数字摄像机，简称 DV，其主要功能是动态摄像。它拥有一个可以及时浏览图片的屏幕，称之为数字摄像机的显示屏，一般为液晶结构（LCD，英文全称为 Liquid Crystal Display）。目前数码摄像机液晶显示屏的大小在 2.5 英寸或 3.0 英寸。

1. 取景系统

取景系统是由数字摄像机获取图像的相关部件构成的，作用就是使拍摄者通过取景系统看到拍摄的影像（图 2-48）。数字摄像机的取景系统包括镜头、取景器和液晶屏。

（1）镜头

数字摄像机的镜头与数字照相机的镜头类似，功能同样是接收外部景物的光线并成像到感光元件上。数字摄像机的镜头分为定焦镜头和变焦镜头，其中变焦范围可以分为广角、标准和长焦三种类型，变焦

图 2-48　数字摄像机的取景系统

倍数有 6 倍、8 倍、12 倍等。一些专业的数字摄像机的镜头可以进行拆卸和置换。数字摄像机的光学镜头是成像最重要的部件，镜头的性能高低会直接影响影像的效果，并且无法进行后期制作弥补。

(2) 取景器(寻像器)

取景器(图 2-49)实际上是一个小型的彩色监视器，是把一个微型的 LCD 放在取景器内部，借助机身的眼罩的遮挡，使光线不能照到微型 LCD 上，不会对其显示造成不利的影响。

图 2-49　数字摄像机的取景器

使用取景器取景可以避免不断开启液晶显示屏导致电量过度消耗，从而增加拍摄时间和延长摄像机电池的寿命。同时，在室外拍摄时，观察拍摄效果可以不受外部光线变化的影响，避免色彩误差。

(3) 彩色液晶显示屏

数字摄像机一般都带有彩色液晶显示屏，通常位于机身的左侧(图 2-50)。其工作原理是从图像传感器 CCD 或者 CMOS 中直接提取图像信息，然后通过液晶屏显示出来，可以作为一个便捷的监视器或取景系统，这也是数码摄像机的优点之一。

图 2-50　数字摄像机液晶屏

使用液晶显示屏也会存在缺点，比如观察效果容易受到环境光线的影响，耗电量也比较大。

2. 控制系统

控制系统(图 2-51)就是数字摄像机的操作系统，主要由摄像机的一些基本控件构成，用来控制和调节图形、焦距、曝光等参数。最基本的控件包括电源开关(其中还有摄像机拍摄、回放 VCR 按键)、调整摄像机参数和设定的菜单键(MENU)、调节焦距的电动变焦杆(一些较为专业的摄像机采用电动变焦杆和镜头变焦环两种方式)，以及曝光控制调节键、录制和停止键(start/stop)、回放的控制键(播放、停止、暂停、快进、快退等)。

3. 成像系统

成像系统由数字摄像机的接收、浏览和保存图像等部件组成。

图 2-51 数字摄像机机身上的控制系统

其中最重要的就是电荷耦合器件传感器(Charge Coupled Device)。它是一种半导体装置,负责将光学影像转化为数字信号。负担着为数字摄像机捕捉影像的任务,是数字摄像机的核心部件之一,也是与传统摄像机最本质的区别所在。数字摄像机根据 CCD 上感光面积的电荷反应来记录拍摄影像,CCD 的感光面积越大,捕捉信号的能力越强,对高光和阴影部分的还原就越优秀。CCD 的质量水平高低直接决定着数字摄像机的成像品质,也是衡量数字摄像机档次和性能的重要指标。衡量 CCD 质量的指标包括像素数量、CCD 尺寸、灵敏度、信噪比等,其中像素数量和 CCD 尺寸是重要的指标。

2.6.2 数字摄像机的工作原理

摄像机之所以能摄影成像,主要是靠镜头将被摄体结成影像投在摄像管或固体摄像器件的成像面上。

摄像机是一种把景物光像转变为电信号的装置。其结构大致可分为三部分:光学系统(主要指镜头)、光电转换系统(主要指摄像管或固体摄像器件)以及电路系统(主要指视频处理电路)。

光学系统的主要部件是光学镜头,它由透镜系统组合而成。这个透镜系统包含着许多片凸凹不同的透镜,其中凸透镜的中央比边缘厚,因而经透镜边缘部分的光线比中央部分的光线会发生更多的折射。被摄对象经过光学系统透镜的折射,在光电转换系统的摄像管或固体摄像器件的成像面上形成"焦点"。光电转换系统中的光敏原件会把"焦点"外的光学图像转变成携带电荷的电信号。这些电信号的作用是微弱的,必须经过电路系统进一步放大,形成符合特定技术要求的信号,并从摄像机中输出。

当摄像机中的摄像系统把被摄对象的光学图像转变成相应的电信号后,便形成了被记录的信号源。摄像系统把信号源送来的电信号通过电磁转换系统变成磁信号,并将其记录在存储介质上。如果需要摄像机的放像系统将所记录的信号重放出来,可操纵有关按键,把录像带上的磁信号变成电信号,再经过放大处理后送到电视机的屏幕上成像。

从能量的转变来看，摄像机的工作原理是一个“光—电—磁—电—光”的转换过程。

摄像机的镜头将图像聚焦到图像传感器（CCD/CMOS）上，在图像到达图像传感器之前，还将通过光学滤镜，该部件会将图像中的红外光线移除，以保证图像的颜色能够被正常地显示。在日夜转换摄像机中，该红外滤镜可以被移除，从而使摄像机能够在夜间提供高质量的黑白画面。图像中所包含的光线信息将被图像传感器捕获并转化为不同的模拟电信号，然后再数字化为可进行压缩和网络传输的数字视频信号。

数码摄像机的感光元件，即数码摄像机感光成像的部件，能把光线转变成电荷，通过模数转换器芯片转换成数字信号。目前数码摄像机的核心成像部件有两种：一种是广泛使用的 CCD（电荷藕合）元件；另一种是 CMOS（互补金属氧化物导体）器件。

1. 感光元件工作原理

电荷藕合器件图像传感器 CCD，使用一种高感光度的半导体材料制成，能把光线转变成电荷，通过模数转换器芯片转换成数字信号，数字信号经过压缩以后由相机内部的闪速存储器或内置硬盘卡保存，因而可以轻而易举地把数据传输给计算机，并借助于计算机的处理手段，根据需要和想象来修改图像。CCD 由许多感光单位组成，通常以百万像素为单位。当 CCD 表面受到光线照射时，每个感光单位会将电荷反映在组件上，所有的感光单位所产生的信号加在一起，就构成了一幅完整的画面。

与传统底片相比，CCD 更接近于人眼对视觉的工作方式。只不过人眼的视网膜是由负责光强度感应的杆细胞和色彩感应的锥细胞分工合作组成视觉感应。CCD 经过长达 35 年的发展，大致的形状和运作方式都已经定型。CCD 主要是由一个类似马赛克的网格、聚光镜片以及垫于最底下的电子线路矩阵所组成。目前有能力生产 CCD 的公司有索尼公司、飞利浦公司、柯达公司、松下电器公司、富士公司和夏普公司。

互补性氧化金属半导体 CMOS 和 CCD 一样同为在数码相机中可记录光线变化的半导体。CMOS 的制造技术和一般计算机芯片没什么差别，主要是利用硅和锗这两种元素所做成的半导体，使其在 CMOS 上共存着带 N（带－电） 和 P（带＋电）级的半导体，这两个互补效应所产生的电流即可被处理芯片记录和解读成影像。然而，CMOS 的缺点就是太容易出现杂点，这主要是因为早期的设计使 CMOS 在处理快速变化的影像时，由于电流变化过于频繁而会产生过热的现象。

2. 两种感光元件的区别

由两种感光元件的工作原理可以看出，CCD 的优势在于成像质量好，但是由于制造工艺复杂，只有少数的厂商能够掌握，所以导致制造成本居高不下，特别是大型 CCD，价格非常高昂。同时，近年来 CCD 从 30 万像素开始，一直发展到现在的千万级像素，感光元件的像素随着技术的发展不断地提高，已经到了一个极限。

CMOS 影像传感器的优点之一是电源消耗量比 CCD 低，CCD 为提供优异的影像品质，付出的代价即是较高的电源消耗量，为使电荷传输顺畅，噪声降低，需由高压差改善传输效果，而 CMOS 影像传感器将每一画素的电荷转换成电压，读取前便将其放大，利用 3.3 V 的电源即可驱动。CMOS影像传感器的另一优点，是与周边电路的整合性高，可将ADC与讯号处理器整合在一起，使体积大幅缩小。例如，CMOS影像传感器只需一组电源，CCD却需三组或四组电源，由于ADC与讯号处理器的制作过程与CCD不同，要缩小CCD套件的体积很困难。目前，CMOS影像传感器需要解决的首要问题就是降低噪声的产生，未来CMOS影像传感器是否可以改变长久以来被CCD压抑的宿命，今后技术的发展是重要关键。

3. 影响感光元件因素

对于数码相机来说，影响感光元件成像的因素主要有两个方面：一是感光元件的面积；二是感光元件的色彩深度。

感光元件面积越大，成像较大，相同条件下能记录更多的图像细节，各像素间的干扰也小，成像质量越好。但随着数码相机向时尚小巧化的方向发展，感光元件的面积也只能是越来越小。

除了面积之外，感光元件还有一个重要指标，就是色彩深度，即色彩位，是指用多少位的二进制数字来记录三种原色。非专业型数码相机的感光元件一般是24位，高档一些的数码相机采样时是30位，而记录时仍然是24位，专业型数码相机的成像器件至少是36位。对于24位的器件而言，感光单元能记录的光亮度值最多有$2^8=256$级，每一种原色用一个8位的二进制数字来表示，最多能记录的色彩是$256\times256\times256$，约1 677万种。对于36位的器件而言，感光单元能记录的光亮度值最多有$2^{12}=4\,096$级，每一种原色用一个12位的二进制数字来表示，最多能记录的色彩是$4\,096\times4\,096\times4\,096$，约68.7亿种。举例来说，如果某一被摄体最亮部位的亮度是最暗部位亮度的400倍，使用24位感光元件的数码相机来拍摄，如果按低光部位曝光，则凡是亮度高于256倍的部位，均曝光过度，层次损失，形成亮斑，如果按高光部位来曝光，则某一亮度以下的部位全部曝光不足，如果用使用36位感光元件的专业数码相机，就不会有这样的问题。

2.7 数字摄像机的功能与设置

2.7.1 滤色片

滤色片包括色温片和滤光片。滤光片用来改变入射光的强弱。色温片用来校正色温，它能将不同光源的色温变换为摄像机要求的3 200 K，使拍摄的图像色彩真实，避免偏色。

另外一个重要的附件就是ND滤镜(ND FILTER)，是在室外强光下用于减光作用的，可以在室外强光下实现大光圈浅景深的拍摄。一般位于机身左侧靠近镜头的位置。室内拍摄时，一定要把ND滤镜放到OFF的位置；否则会造成增益自动增加，噪点变多，画质严重下降。室外拍摄时，也要按照液晶屏的提示打开 ND 滤镜；否则摄像机快门会自动补偿，变得很快，也会影响画质。

常见的专业级数字摄像机一般会有两档中密度滤光片——ND1 和 ND2。选用原则是根据现场光线的亮度而决定，一般情况下，ND1 表示 1/4ND，相当于将光照强度减小到1/4；ND2 表示 1/32ND，相当于将光照强度减小到 1/32。

2.7.2 黑平衡

摄像机黑平衡的使用正确与否也会影响所拍摄景物色彩的正确还原，尤其是画面黑色部分。如果黑平衡调整不良，画面中黑色部分就会带彩色，如黑头发、黑衣服等会变成黑红色、黑紫色或黑蓝色等，造成彩色还原的失真，所以黑平衡对画面色彩的正确还原是至关重要的。黑平衡调整时，要求盖好镜头盖，以便摄像机对黑色取样。通常，摄像机一般置于自动光圈位置，然后打开自动黑平衡开关，摄像机的光圈会自动关闭，也可以将摄像机置于手动光圈，但切记光圈一定要置于 CLOSE 位置，再打开自动黑平衡开关，一般经过几秒后黑平衡调整自动完成，此时若观察摄像机寻像器，则会显示“AUTO B OK”“AUTO B END”“AUTO B COMPLETE”等提示，表示调整完毕。黑平衡的数据也被记忆在保持电路中。

2.7.3 白平衡

白平衡是数码相机的一个极重要概念。所谓白平衡(White Balance)，就是数码相机对白色物体的还原。当我们用肉眼观看这大千世界时，在不同的光线下，对相同的颜色的感觉基本是相同的，比如在早晨旭日初升时，我们看一个白色的物体，感到它是白的；而我们在夜晚昏暗的灯光下，看到的白色物体，感到它仍然是白的。这是由于人类从出生以后的成长过程中，人的大脑已经对不同光线下的物体的色彩还原有了适应性。但是，作为数码相机，可没有人眼的适应性，在不同的光线下，由于 CCD 输出的不平衡性，造成数码相机色彩还原失真。一般情况下，我们习惯性地认为太阳光是白色的，已知直射日光的色温是5 200 K左右，白炽灯的色温是 3 000 K 左右。用传统相机的日光片拍摄时，白炽灯光由于色温太低，所以偏黄偏红。因此通常当现场光线的色温低于相机设定的色温时，往往偏黄偏红；当现场光线的色温高于相机设定时，就会偏蓝。

使用传统胶片相机拍摄时，色温问题不容易掌握，通常用不同类型的胶片来解决。例如，有日光型、灯光型胶片之分，或者用转换多种色温滤镜的方法来调整，操作起来较麻烦。数码相机的白平衡装置就是根据色温的不同，调节感光材料(CCD)的各个色彩强度，使色彩平衡。由于白色的物体在不同的光照下人眼也能把它确认为白色，所以白色就作为确认其他色彩是否平衡的标准，或者是说当白色正确地反映成白色时，其他的色彩也就正确了，平衡了。这就是白平衡的含义。

数码摄像机预设了几种光源的色温，来适应不同的光源要求。一般有白炽灯(约

3 000 K)、荧光灯(4 200 K)、直射日光(约 5 200 K)、闪光灯(约 5 400 K)、多云(约 6 000 K)、阴影(约 8 000 K)几种模式。拍摄时,只要设定在相应的白平衡位置,就可以得到自然色彩的准确还原。一般数码相机还有自动白平衡设置,可以适应大部分光源色温。但如果遇到现场光源复杂时,自动白平衡判断也容易失误,可以通过 CCD 观看结果,用手动来调节。使用手动白平衡设定时,最准确的方法就是用一张白纸,让相机取景完全充满白纸,设定在手动白平衡功能上,按相机使用说明书操作一遍,就可以在现场特定的光源下把白色还原正确了。

一般白平衡有多种模式,如:自动白平衡、钨光白平衡、荧光白平衡、室内白平衡、手动调节,以适应不同的场景拍摄。

1. 自动白平衡

自动白平衡通常为数码相机的默认设置,相机中有一结构复杂的矩形图,它可决定画面中的白平衡基准点,以此来达到白平衡调校。自动白平衡的准确率非常高,但是在光线下拍摄时,效果较差,而在多云天气下,许多自动白平衡系统的效果极差,可能会导致偏蓝。

2. 钨光白平衡

钨光白平衡也称为"白炽光"或者"室内光"。一般用于由灯泡照明的环境(如家中)。当使用钨光白平衡设置时,相机就会开始决定白平衡的位置。需要注意的是,在室内拍照并且不使用闪光灯时,一定要使用这个设置。

3. 荧光白平衡

荧光白平衡适合在荧光灯下做白平衡调节。由于荧光的类型有很多种,如冷白和暖白,因而有些相机不只有一种荧光白平衡调节,摄影师必须确定照明是哪种"荧光",才能对相机进行效果最佳的白平衡设置。在所有的设置中,"荧光"设置是最难确定的,例如有一些办公室和学校里使用多种荧光类型的组合,这样的"荧光"设置就非常难处理,最好的办法就是"试拍"了。

4. 室内白平衡

室内白平衡或称为多云、阴天白平衡,适合把昏暗处的光线调至原色状态。并不是所有的数码相机都有这个功能,一般来说,白平衡系统在室外情况时处于最优状态,无需设置。但有些制造商在相机上添加了这些特别的白平衡设置,这些白平衡的使用依相机的不同而不同。

5. 手动调节

手动调节白平衡在不同地方有各不相同的名称,是指某些普通灯光情况下的白平衡设置。一般来说,用户需要给相机指出白平衡的基准点,即在画面中哪一个"白色"物体作为白点。但问题是什么是"白色"? 譬如不同的白纸会有不同的白色,有些白纸可能稍微偏黄些,有些白纸可能稍稍偏白,而且光线会影响我们对"白色"色感,那么怎样确定"真正的白色"? 解决这个问题的一种方法是随身携带一张标准的白色的纸,拍摄时拿出来比较一下被摄体就行了。这个方法的效果非常好，在室内拍摄中很难决定设置时，不妨根据“参照”白纸设置白平衡。在没有白纸的时候，让相机对准眼球认为是白色的物体进行调节。

2.7.4 光圈

镜头内有一组重叠的金属叶片，其所围成的孔径大小和开放的时间决定了一次成相的暴光量，也产生了相机的光圈和速度。

光圈(Aperture)是一个用来控制光线透过镜头，进入机身内感光面的光量的装置(图 2-52)。它通常是在镜头内。我们平时所说的光圈值 F2.8，F8，F16 等是光圈“系数”，是相对光圈，并非光圈的物理孔径，与光圈的物理孔径及镜头到感光器件(胶片或 CCD 或 CMOS)的距离有关。

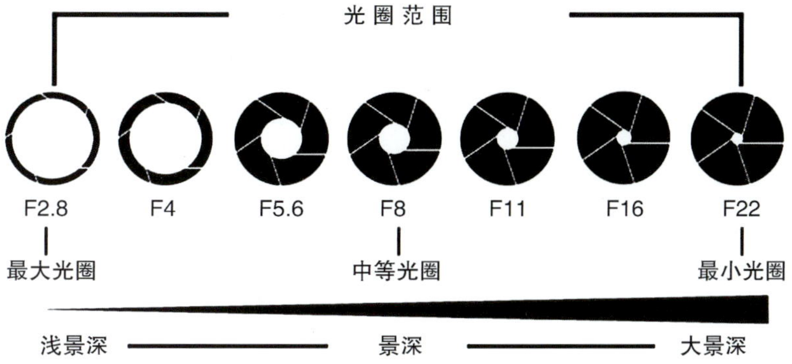

图 2-52　光圈

光圈大小用 F 值来表示，即

$$光圈\ F\ 值 = 镜头的焦距/镜头口径的直径$$

由以上公式可知，要达到相同的光圈 F 值，长焦距镜头的口径要比短焦距镜头的口径大。完整的光圈值系列有：F1，F1.4，F2，F2.8，F4，F5.6，F8，F11，F16，F22，F32，F44，F64。

值得一提的是，光圈 F 值愈小，在同一单位时间内的进光量便愈多，而且上一级的进光量则是下一级的一倍。例如光圈从 F8 调整到 F5.6，进光量便多一倍，通常说光圈开大了一级。多数非专业数码相机镜头的焦距短，物理口径很小，F8 时光圈的物理孔径已经很小了，继续缩小就会发生衍射之类的光学现象，影响成像。所以一般非专业数码相机的最小光圈都在 F8 至 F11，而专业型数码相机感光器件面积大，镜头距感光器件距离远，光圈值可以很小。对于消费型数码相机而言，光圈 F 值常常介于 F2.8 至 F16。此外，许多数码相机在调整光圈时，可以做 1/3 级的调整。

2.7.5 变焦

数字变焦(Digital Zoom)也称为数码变焦,是通过数码相机内的处理器,把图片内的每个像素面积增大,从而达到放大的目的。这种手法如同用图像处理软件把图片的面积改大,只不过程序在数码相机内进行,把原来 CCD 影像感应器上的一部分像素使用"插值"处理手段做放大,将 CCD 影像感应器上的像素用插值算法将画面放大到整个画面。

与光学变焦不同,数码变焦是在感光器件垂直方向向上的变化而给人以变焦效果的。在感光器件上的面积越小,那么视觉上就会只看见景物的局部。但是由于焦距没有变化,所以图像质量相对于正常情况下较差。

光学变焦(Optical Zoom),是指数码摄像机依靠光学镜头结构来实现变焦。数码摄像机的光学变焦方式与传统 35mm 相机差不多,是通过镜片移动来放大与缩小需要拍摄的景物,光学变焦倍数越大,所能拍摄的景物就越远。

光学变焦是通过镜头、物体和焦点三方的位置发生变化而产生的。当成像面在水平方向运动时,视觉和焦距就会发生变化,更远的景物变得更清晰,让人有如物体递进的感觉。

显而易见,要改变视角必然有两种办法,一种是改变镜头的焦距,即光学变焦,通过改变变焦镜头中各镜片的相对位置来改变镜头的焦距。另一种就是改变成像面的大小,即成像面的对角线长短,在目前的数码摄影中,这就叫做数码变焦。

实际上,数码变焦并没有改变镜头的焦距,只是通过改变成像面对角线的角度来改变视角,从而产生了"相当于"镜头焦距变化的效果。所以一些镜头越长的数码摄像机,内部的镜片和感光器移动空间更大,变焦倍数也更大。市面上的一些 CMOS 数码摄像机,一般没有光学变焦功能,因为其机身内根本不允许感光器件的移动,如今的数码摄像机的光学变焦倍数大多在 10 倍。

通过数码变焦,虽然拍摄的景物放大了,但它的清晰度会有一定程度的下降,所以数码变焦并没有太大的实际意义。

对于变焦距动向的把握主要依据下面三点:

(1) 根据被摄物体的运动方向,决定变焦距推拉方向。例如,人物往远走,镜头推上去;人物从远来,镜头拉开来。这种镜头运动是顺势的。

(2) 根据画面内情绪的要求,决定变焦距推拉方向。

聚焦就是让拍摄的主体"实"。例如,情绪激动,气氛紧张,镜头推上去,使画内情绪更为饱满、强烈;情绪放松,气氛低落时,镜头拉开,使画面空间更为空旷,更易发挥感情上的余韵。

(3) 根据情节对造型的要求,决定变焦距推拉方向。例如,情节要求视点前移时,镜头推上去;情节要求视点远离时,镜头拉开来。

一般我们说"指落幅要准"。当某个技巧性镜头结束时,落幅画面中镜头的焦点、构图应该是正好。若要拍摄运动物体,可以用跟焦点的方法聚焦:首先对准落幅画面聚实焦点,在聚集环上做一标记。然后对准起幅聚焦，记作第一焦点位置。拍摄时，由摄像助手根据摄像技巧的速度和主体移动的速度，均匀将调焦环由第一焦点转到第二焦点处。保证镜头拍摄全过程画面清晰。

2.7.6 聚焦

摄像中，主体必须聚实，否则就是虚焦。

1. 不同类型摄像机的聚焦方式

在聚焦方式上，不同类型的摄像机聚焦功能不同。

(1) 广播级摄像机的聚焦

广播级摄像机普遍采用“手动聚焦”的方式。手动聚焦就是摄像师来调整镜头上的“聚焦环”，将拍摄主体聚实。是否不虚焦，全靠摄像师的技术。所以很多人认为“手动聚焦”比较难。

(2) 业务级(小高清)摄像机的聚焦

小高清摄像机有两种聚焦方式“自动聚焦”和“手动聚焦”。

① 自动聚焦

民用级、业务级(小高清)摄像机都有“自动聚焦”功能。具体地说就是将镜头对准主体，调好景别，由摄像机自己聚焦。

② 手动聚焦

手动聚焦就是摄像师调整镜头上的“聚焦环”，将拍摄主体聚实。

2. 两种聚焦方式的使用

摄像机的自动聚焦方式很多，大致可分为以下两类：

(1) 主动式聚焦。包括红外线方式和超声波方式。家用摄像机多采用此方式。

其原理就是当镜头对准目标时，由装置在摄像机镜头内下方的一组发射器，发出红外线或超声波，经被摄物体反射回来后，从而测定出距离。

优点是不受光线条件的影响，能在完全黑暗的情况下工作。但不能透过玻璃进行工作，对吸收红外线或超声波的物体、远距离的物体也不能正常工作。

(2) 被动式聚焦。即 SST 方式，专业摄像机多采用此方式。

其原理是来自被摄体的光线分别经过固定反光镜和可动反光镜后，反射到两个透镜及一个三角棱镜，分别照射在检测传感器上，使之变换成电信号，再由微电脑处理器对所得到的信息进行分析，计算出与被摄物体之同的距离。

优点是远距离聚焦正确，对焦没有视差等。不足之处是当光线太暗和被摄体反差低时不能正常工作。

具体的使用方法如下：

(1) 可以使用自动聚焦作为辅助聚焦的手段。

在画面需要聚焦时拨到“自动聚焦”，聚实后再拨回。

(2) 在精确控制时,使用手动聚焦。

摄像机自动聚焦不具备精确控制能力,所以在需要做景深控制等精确聚焦时,要使用“手动聚焦”。

一般情况下无论“影视剧”“专题片”等分镜头拍摄的节目都采用手动聚焦方式。

4. 对焦锁定(与相机相同)

当主要的被拍摄物偏离画面中心处于画面边缘时,使用手动聚焦的方法是:先将自动聚焦切到手动,对准被拍摄物使其位于画面的中央,并调节清晰度到最佳,利用锁定功能将焦距锁定在固定位置,再重新构图,回到原始位置。

5. 跟焦

如果被摄物体或镜头运动变化很大,一次聚焦不能满足要求,可采用跟点的方法完成镜头拍摄。具体方法是:首先对准落幅画面聚实焦点(定作第二焦点),在聚集环上做一标记,然后对准起幅聚集,记作第一焦点位置。拍摄时,由摄像助手根据摄像机的速度和主体移动的速度,均匀地将调焦环由第一焦点转到第二焦点处,以保证镜头拍摄全过程画面清晰。

2.7.7 后焦距

摄像机后焦距也称背焦距,是指当安装上标准镜头(标准 C/CS 接口镜头)时,能使被摄景物的成像恰好成在 CCD 图像传感器的靶面上,一般彩色摄像机在出厂时,对后焦距都做了适当的调整,因此,在配接定焦镜头的应用场合,一般都不需要调整彩色摄像机的后焦。

在有些应用场合,可能出现当镜头对焦环调整到极限位置时仍不能使图像清晰,此时首先必须确认镜头的接口是否正确。如果确认无误,就需要对彩色摄像机的后焦距进行调整。根据经验,在绝大多数彩色摄像机配接电动变焦镜头的应用场合,往往都需要对彩色摄像机的后焦距进行调整。

2.7.8 其他调整

增益功能调整,类似于数码相机的感光度(ISO)功能。当拍摄光线不足时,启用摄像机的增益控制系统,暗淡的图像就会因为信号被放大而明亮起来。但是增益是以牺牲图像质量来提高影像质量的,因此只有在需要提高亮度而又无法做到补光的情况下才使用。增益开关一般设有多挡,如+9 dB, +18 dB, +24 dB 等,提升越多,图像的颗粒就越粗。也有的相机设有负增益,可以在照度充足、光圈仍能正常控制的条件下,通过负增益把图像信号的放大量减少,减少图像的噪波。

思考与练习

1. 熟悉数码相机的各种功能,练习使用数码相机进行拍摄。

2. 举例说明数码摄影和传统摄影的各自特点，未来随着影像的发展，传统胶片影像会消亡吗？请谈谈你的观点。

3. 在光圈优先模式下，从最小光圈到最大光圈依次拍摄静物。要求静物置于有前景与后景的环境中。根据拍摄的照片，分析景深概念。

第3章 影像的曝光

3.1 摄影曝光

3.1.1 如何计算曝光

摄影者为了达到正确曝光，必须依赖照相机本身的两个重要装置来控制，即快门与光圈。对于摄影曝光来说，它的作用犹如两道限制光线通过的“光闸”：快门控制光线在感光片上的时间，光圈控制光线到达感光片上的数量。前者是控制曝光时间之长短，后者是控制通过镜头光量之多少。只有快门与光圈恰当地配合，即可得到所需的曝光量，以达到正确曝光的目的。

所谓“正确曝光”，只是相对而言的，绝对的正确曝光是不存在的。原因有三：第一，感光材料的宽容度容纳不下自然界中景物的亮度差。自然景物的亮度反差最大可达到1∶10 000，摄影通常接触的景物亮度反差大约是1∶200左右。1∶128左右的胶片宽容度，势必容纳不了，1∶30左右的相纸宽容度更是无能为力，只好损失相当一部分层次。要想弥补这一点，就需要从光线照明和曝光控制方面来解决。第二，从摄影用光、拍摄技巧和所设计的画面效果等艺术表现手法上看，“正确曝光”的概念也会因景而异或因人而异。为了追求不同的艺术效果，以同样的器材面对同一景物，如选用不同的曝光组合，可以拍摄出完全不同效果的两幅作品。第三，后期冲洗加工的因素对曝光具有不可忽视的影响。

所以，在掌握“正确曝光”时，既要考虑技术技法方面的因素，又要考虑艺术手法方面的因素。总之一句话：千万不可忘记“正确曝光”在摄影实践中的应用价值和艺术因素。

3.1.2 定义曝光

摄影曝光，是指镜头形成结像光，进入暗箱到达感光片上，使胶片感光乳剂在光化作用中产生潜影。

感光片的乳剂层中具有感光作用的卤化银微小晶体，在光线照射下发生潜在的光化学变化，形成了人的肉眼无法观察到的影像，故称为潜影。将已曝光的胶片经过显影、定影工艺处理，潜影即变为可见影像，这时的影像是负像，经过暗室印像、放大工艺处理，负像即变成与原景物明暗相同的正像，这就是摄影的最终产品——一幅理想的照片。在摄影的整个过程中，影响底片上负像密度形成的首要因素是曝光组合的确定，其次是胶片的冲洗工艺。这两个因素是决定底片密度正确与否的关键。

什么是曝光？浅显地说，曝光是胶卷或者数码感光部件(CCD 等)接受从镜头进光来形成影像。照相时，如果照片中的景物过亮，而且亮的部分没有层次或细节，这就是曝光过度(过曝)；反之，照片较黑暗，无法真实反映景物的色泽，就是曝光不足。

正确曝光的含义简单说来应该是：在适当的时间里让感光片受到适当的光量照射。曝光的定义，如果予以科学的解释，即：光线的强度乘以光线所作用的时间。“光线的强度”是指感光片受光线照射的强度，即照度，符号为 I，单位是勒克司(Lux)。“光线所作用的时间”是指感光片受爱线照射的时间，即曝光时间，符号为 T，单位是秒(s)。曝光量的符号为 E，单位是勒克司 · 秒(Lux · s)，计算公式如下：

$$E(\text{曝光量})=I(\text{照度})\cdot T(\text{曝光时间})$$

由以上公式可知，若要取得一定量的曝光量，则光线的强度愈大，曝光时间愈短；光线的强度愈小，曝光时间愈长。如果光线的强度增加一倍，曝光时间就需减少一半。假如光强度为 2，时间为 4，曝光量则为 8；如果光强度为 4，时间为 2，曝光量仍为 8。

摄影曝光的目的，是为了获得一幅令人满意的照片画面，但是这与对曝光组合的选择关系极大。

1. 等量曝光

我们清楚地了解这样一个浅显的道理：开得较大的光圈要比收缩得较小的光圈能让较多的光线通过镜头到达胶片上，较低的快门速度要比较高的快门速度能让光线较长时间地停留在胶片上。由此可以演变为以下情况：光圈 F/1.8 与快门速度 1/500 s 相组合，和光圈 F/4 与快门速度 1/100 s 相组合，所获得的曝光效果是一样的。它们又和中级光圈 F/8 与中等快门速度 1/25 s 相组合所获得的曝光效果是一致的。这就称为等量曝光。

上述三组曝光组合的曝光量是相等的，无论是体现在底片上的密度，还是体现在黑白照片上的影调层次，或是体现在彩色照片上的色调还原与再现都是一致的。但是它们三者之间在画面效果上存在着两个重要差别：一是由于光圈的大小形成了不同的景深；二是由于快门速度的高低构成动体影像的不同清晰程度。

2. 选择曝光

等量曝光的原理使我们知道，不同曝光组合的等量曝光，可以获得底片密度相同的曝光效果。然而，摄影实践中，应根据拍摄题材和被摄对象的不同，在可以产生相同密度的若干曝光组合中，选择最佳的一组曝光组合，来表现所拍摄的主题。这就是选择曝光的概念。

初学摄影者在某种条件下，由于运用某一曝光组合(假设是 F/8、1/100 s)获得了“满意的照片”，这种“意外的收获”促使某些爱好者把它奉为“万能曝光组合”。在以后的拍照中往往抓住不放，不分场合地沿用下去，而不去认真考虑根据不同的拍摄条件和不同的被摄对象，选用不同的曝光组合，来创造良好的画面效果。

那些富有经验的摄影家，从摄影的理论和实践经验中得知，F/8、1/100 s 只不过是若干可供选择的曝光组合中的一组而已，尚有许多组合可以选用。尽管每组快门和光圈均能产生等量的曝光效果，而画面中景深与动体清晰程度却大不相同。具体采用哪一种曝光组合，必须认真考虑。是用较小的光圈去获取较深远的景物清晰范围，还是用较高的快门速度去抓取被摄动体的“凝固影像”，或是用极短的景深使背景虚化以突出主体，还是以较慢的快门速度增强动体的动感？这一切都需要摄影者来思考并加以选择，而决不是那些“自动相机”所能解决的。具有形象思维能力的摄影家可以得心应手地操作相机去完成自己的构思，这或许就是相机的“自动曝光”与人的主动“选择曝光”的区别所在。

3.1.3 曝光对影像质量的影响

1. 曝光与底片密度

摄影曝光的目的，是为了获得一张密度正常的底片。因此，应当了解什么是密度，还要掌握密度对影像效果的影响。

(1) 密度的概念

密度，是指感光材料经过曝光、显影、定影之后，在底片单位面积上的银粒沉积量，用以表示变黑的程度，通常把这种黑度称作密度。

感光片乳剂层中的卤化银在曝光、显影过程中，依照被摄景物不同的明暗程度，被还原为不等量的金属银。金属银是不透明的微粒物质，对光线具有吸收和阻挡作用。从景物亮度方面来解释，当被摄景物受明亮光线的照射，其反向光的强度就强，摄影曝光显影后，越是明亮部分，还原的银粒越密集，银粒沉积愈多，透明度愈低，观察起来，被阴挡的光线多，透过的光线少；反之，越是阴暗部分，还原的银粒越疏散，银粒沉积愈少，透明度愈高，观察起来，被阴挡的光线少，透过的光线多。

底片上银粒沉积量的不同，构成了黑度不同的影像。由于密度具有不同程度的阴光能力，所以密度的大小可以根据透过光线的多少来测定。

(2) 密度与影像效果

从摄影日光量方面来解释，曝光量愈大，胶片的感光愈过度，沉积的银粒愈多，影像的黑度愈深，负片的密度愈大；反之，曝光量愈小，胶片的感光愈不足，沉积的银粒愈少，影像的黑度愈浅，负片的密度愈小。由此可见，曝光量直接影响着胶片所形成的密度。曝光过度和曝光不足，都不可能获得“理想的密度”，相反只能损失亮部或暗部的层次。

完美的影像效果，是依赖于正确曝光所产生的底片密度来获得的，任何曝光过度或曝光不足的底片，是难以印放出影像效果理想的照片来的。曝光过度的底片，景物明亮部分的黑度深，密度大，所印放出来的照片影像，只能有限度地表现出景物阴影部分的一些影纹和层次，明亮部分的影纹则一片白色，毫无层次质感。曝光不足的底片，景物的亮度大量损失，底片普遍黑度浅，密度小，呈现透明或半透明状态，所印放出来的照片影像，只能略微表现出景物明亮部分的某些影纹层次，阴影部分的影纹层次则消失在一片灰黑的影调之中。不言而喻，要想获得层次丰富、影调明快的影像效果，只能依靠曝光正确、密度正常的底片。

2. 曝光与宽容度

在摄影曝光时，要使被摄景物的明暗层次比较正确地体现在底片的密度变化中，首要环节是控制曝光。此外，还有一个影响景物层次转换为影调层次的因素，即宽容度。

(1) 宽容度的概念

宽容度，是指感光材料按比例正确记录景物亮度范围的能力。被摄景物表面由最亮部分至最暗部分的差别，可以用明暗间的比例数字来表示。假设景物最亮部分比最暗部分要明亮 50 倍，那么它们之间的比例是 1∶50，这就是景物的明暗差别。感光片所具有的正确表现被摄景物明暗差别的能力，即为感光材料的宽容度，通常也称为曝光宽容度。

黑白胶片的宽容度是 1∶128 左右，彩色负片的宽容度在 1∶32～1∶64 左右，彩色反转片的宽容度仅为 1∶16～1∶32 左右，相纸的宽容度大约在 1∶30 左右。

在摄影曝光中，使用宽容度较大的感光胶片去拍摄亮度差较小的景物，即使曝光量稍微多一些或少一些，对底片密度的影响不大。从实用的角度来讲，感光胶片的宽容度越大，对曝光控制越有利。

(2) 宽容度与曝光的关系

曝光与感光胶片宽容度之间的关系，大致存在以下三种情况：

① 宽容度等于景物亮度范围。此时感光胶片所能记录的亮度范围正好与景物由最亮到最暗的间距相同，在曝光上没有其他可选择的余地。如曝光稍有出入，即会使明亮部分或阴暗部分的层次受到损害。

② 宽容度大于景物亮度范围。此时感光胶片所能记录的亮度范围超过景物由最亮到最暗的间距，在曝光上留有很大的选择余地。通常是在可容许的范围内，选用最低曝光量作为曝光标准，这样所获得的底片密度达到最低曝光量的标准，印放照片或拷贝正片均可获得最佳的影像效果。即使摄影曝光量的控制略有出入，也不会影响景物明暗层次的再现。

③ 宽容度小于景物亮度范围。此时感光胶片所能记录的亮度范围远不及景物由最亮到最暗的间距范围，在曝光上很难控制，要想全部记录下景物的明暗比例是不可能的。一般来说，这时应按被摄主体的不同情况，选择曝光的侧重点，以被摄景物主要部位的亮度来作

为曝光的基准,兼顾其他部分的层次。很显然,在这种情况下的曝光,势必要损失相当一部分亮度范围的层次,其关键在于恰当地确定曝光侧重点,所损失的只是次要部位的一些层次。

3.1.4 倒易率

曝光的定义告诉我们,凡是曝光量相等的胶片,显影后它们的负像密度是一致的。在曝光量公式中,照度和时间量值是可以互相置换的。例如,照度为 100 Lux、曝光 1/100 s,与照度是 1 Lux、曝光 1 s,它们之间的曝光量是等值的。这种照度和时间量值可以互相置换的关系,在摄影曝光上叫倒易律,也称为倒数律或互易律。

在摄影实践中,感光片的乳剂层对光线的感受程度,一般只局限于一定范围内方能产生正常曝光效果。如果超出所限定的范围,感光乳剂层是不可能不折不扣地严格遵守曝光定律的。当感光片的乳剂层受到光线照射的照度太大或太小时,或者曝光时间过快或过慢时,本来是等量的曝光值却不一定能产生相同的曝光效果。如当光线减弱到极低暗的程度,即使相对地大量增加曝光时间,也不一定能获得满意的曝光效果;相反,当光线照射程度极明亮时,以极高的快门速度把曝光时间缩短到极短的瞬间,也不一定能获得满意的曝光效果,上述两种现象称为受光衰竭。例如,在天文摄影中拍摄亮度微弱的星空时,或以电子闪光灯在极短的瞬间摄影,均可发生受光衰竭的现象。不同的感光材料受光衰竭程度不同,彩色胶片较之黑白胶片更容易产生受光衰竭问题。这种现象的产生,是由于感光片对光线反应有惰性引起的,光线极暗或曝光时间极短,光线难以穿透感光乳剂内层,使胶片的光化作用减退。假如用同一种胶片,照度为 1 000 Lux、曝光 1 s,比照度 1 Lux、曝光1 000 s所产生的阴影密度要大。这种现象就是倒易律失效(图 3-1)。

图 3-1 倒易率失效的风景
([英国]Michael Kenna 摄)

3.2 拍摄中的准确测光

数码相机拍摄中的测光及其技巧光线的照射方向、强度和色彩都是不同的,要想在这些复杂的环境光线下拍摄出与实际光线环境相同,而曝光正确的照片,就需要使用正确的测光方式和技巧来确定如何设置数码相机的光圈、快门以及白平衡和闪光灯。图 3-2 显示的是一幅正常影调的曝光作品。

说到使用正确的测光方式和技巧，首先需要了解什么是数码相机的测光。所谓测光其实就是指数码相机根据环境光线系统依靠特定的测量方式而给出的光圈/快门组合的方式。简单地说，也就是对被摄物体的受光情况进行测量。一般来说，测光主要是测定被拍摄对象反射到镜头中的光亮度，然后再根据这一亮度给出一定的光圈/快门速度组合。这种测光方式一般称为反射式测光。测光方式按测光元件的安放位置不同可分为外测光和内测光两种。

图 3-2　正常影调的曝光(Jaee 摄)

外测光是指测光元件与镜头的光路各自独立而进行测光。这种测光方式广泛应用于各种旁轴取景式镜头快门照相机中，虽然它具有足够的灵敏度和准确度，但在许多时候，却会因为镜头与测光元件的位置和感光方式不同而产生偏差。目前，许多消费级数码相机都使用了这样的测光系统进行测光。

内测光一般也称为 TTL 测光（TTL Light Measuring）。一般是直接通过镜头来测量进入镜头的通光量，与外测光相比，这种测光方式可以更为灵活地在更换相机镜头或摄影距离变化、加滤色镜时进行自动的光线校正。目前，几乎所有的单反数码相机和准专业数码相机都采用这种测光方式。在内测光中，测光元件的放置主要有两种方案：一是放置在取景光路中目镜附近，称为 TTL 一般测光；二是放置在摄影光路中，光线从辅助反光镜或由胶片平面、焦平面快门的叶片表面反射到测光元件上进行测光，称为 TTL 直接测光。一般来说，TTL 一般测光系统与传统单反相机的测光系统比较相似，具有色彩还原准确，图像淡雅的特点，而 TTL 直接测光，则多被应用于各种消费级准专业相机之中，与 TTL 一般测光相比，直接测光可以较好地中和 CCD 色彩宽容度差的问题，而避免图像色彩反差过大。

无论使用哪种测光方案，稍专业的数码相机都很可能具有多种测光模式。根据测光元件对摄影范围内所测量的区域范围不同来分类，主要包括点测光、中央部分测光、中央重点平均测光、平均测光、多区测光等。而无论采用哪种测光模式，其目的都是希望拍摄者可以更为自由地根据实际环境来准确地确定正确的曝光量。

3.3 曝光模式

3.3.1 程序自动模式

程序曝光模式是数码相机最基本的曝光模式之一，在相机上一般以“P”挡表示（图 3-3）。该模式自动化程度比较高，可以很方便地拍摄到质量较高的照片。该模式下相机会根据环境亮度自动选择光圈和快门速度，自动调节曝光量以获得比较准确的曝光。

图 3-3　数码相机的曝光模式播盘

通常选择程序模式时，相机会自动选择一挡较高的快门速度，同时选择中挡光圈值拍摄。当照度较强时，相机自动收缩光圈一直到最小值或继续提高快门速度。当照度较低时，相机会根据现场实际亮度逐步开大光圈。当光圈开到最大时，相机会自动降低快门速度以满足低照度下曝光的需要，当快门速度已降低到 1/30 s 左右，如照度依旧较低，有些相机会自动开启闪光灯补光以满足曝光的需要。

程序模式下摄影者还可以在相机自动设定曝光参数的基础上，根据拍摄需要对其他参数进行部分设置。例如，认为相机曝光不正确，可以通过开启闪光灯、手动更改 ISO 值、改变测光方式、进行曝光补偿等方式使图像正确曝光，还可以通过白平衡的设置以表现更真实的图像色彩。当拍摄者想在拍摄时改变景深等构图要素时，可以根据相机已经设定好的快门速度和光圈大小，通过拨动指令拨盘改变曝光组合，获得不同的拍摄效果。比如我们要拍摄背景虚化的照片就可以选择大光圈，这种曝光方式也称为弹性程序曝光。所以说程序曝光模式要比使用全自动模式“聪明”，但这种改变又不同于手动模式。因为用户改变的参数并不能固定下来，在拍摄完这张图片后，相机又要“自作主张”给出新的曝光组合，使用者既可以用它来完成拍摄，又可以把它当作参考数据。这里提到的全自动模式在佳能 50D 等单反相机上就有（绿色的方框）。全自动挡的含义是自动曝光，它是由相机的测光系统来决定曝光量，反映到直观上来就是光圈和快门的组合，方便了从没有接触过相机的拍摄者也可以很轻松地拍摄出曝光基本合理的照片。全自动模式与程序曝光模式的区别在于，当使用全自动模式时，相机会自动设置对焦模式、驱动模式、内置闪光灯、感光度等，当使用程序曝光模式时，相机只自动设置光圈和快门数值，其他参数摄影者可以自行更改。

相对于全自动拍摄模式而言，程序自动模式拍摄出符合拍摄者要求的照片几率要大一些。在光线环境比较复杂的拍摄现场下，拍摄者能通过对一些拍摄因素的调节轻松得到满意的照片。

3.3.2 快门优先模式

快门是用于控制感光元件或胶片曝光时间的机械装置。设定好快门速度后，只要按下相机的快门释放钮，相机会在快门开启与闭合的时间内，让通过镜头的光线使相机内的感光元件或胶片获得正确的曝光。

快门优先是在手动定义快门的情况下通过相机测光而获取光圈值。快门优先多用于拍摄运动的物体，特别是在体育运动拍摄中最常用。如果在拍摄运动中的物体时，拍摄出来的主体是模糊的，这多半是因为快门的速度不够快。在这种情况下，可以使用快门优先模式，大概确定一个快门值，然后进行拍摄。物体的运行一般都是有规律的，那么快门的数值也可以大概估计，例如拍摄行人，快门速度只需要 1/125 s 就差不多了，而拍摄下落的水滴则需要 1/1 000 s。自动测光系统计算出曝光量的值，然后根据选定的快门速度自动决定用多大的光圈。

1. 设定方法

在快门优先的模式下，相机根据拍摄者设定的快门速度值，自动调整光圈 F 值到正常曝光水平。快门优先模式通常多用于“抓拍”运动中的物体，优先考虑的是要抓住动态影像。

对于大多数数码相机来说，快门优先模式设置步骤是：先把数码相机“模式旋钮”上的“S”字母旋转至与电源指示灯相对的位置，相机即处于快门优先的拍摄状态；再通过转动快门右侧的“推钮”就可以增减快门速度。快门速度设置的变化在 LCD 屏幕上有直观的显示。

快门优先模式的选择与快门速度设置的具体操作，因数码相机品牌和型号的不同而稍有差异，屏幕显示也是如此，操作者应阅读相机使用说明书中的相关内容以正确使用。

2. 快门速度的选择

通过增减快门速度不仅可以起到调节曝光量的作用，拍摄动态物体用不同的快门速度也有不同的效果。使用高速快门，优点是能够克服相机震动与物体运动的干扰，以快制快，把运动速度较高的被摄主体定格在一瞬间。设置相对较慢的快门速度，通过追随拍摄（摇镜头）的方法，可以使画面产生很强的动感效果；但是，如果快门速度过慢，持机时轻微的晃动就会造成影像模糊不清。

一般情况下，防止手抖影响的快门速度为“1/镜头焦距(s)”，这是一个经验值，也叫安全快门。例如，135 相机使用焦距为 85 mm 的镜头，如要有效地把被摄对象拍摄清楚，快门速度应不低于 1/85 s。依此类推，镜头焦距为 200 mm 时，应把快门速度设置为 1/200 s 以上。需要注意的是，如果使用普通数码相机或非全画幅的数码单反相机时，要把焦距转换为 135

相机的焦距。如在佳能 EOS 400D 上使用 50 mm 镜头时，安全快门就是1/(50×1.6)=1/80 s。安全快门一般来说会提高拍摄的成功率，但是并不是快门速度低于安全快门拍的照片就一定会失败。

3. 拍摄动态物体

照相机的快门速度本来只是控制曝光量的手段之一，但如果应用得当，也可以成为达到特殊摄影效果的"秘密武器"。所以，"快门优先"的设置与应用也是摄影的最基本技能之一。如果我们要拍摄运动的场景，快门速度是要快一些还是慢一些呢？这并不是绝对的，关键是看要表现什么创意。

如果被拍摄的对象正在进行一连串快速的动作，我们要表现其动感，就可以选择降低快门速度的方法进行拍摄。因为太快的快门速度只能拍摄一瞬间静止的动作，就像电影电视中的定格，反映不出动态的感觉。

高速度快门的设定用于抓拍动态物体很合适。在抓拍快速运动中的主体时，建议手持相机对被摄主体进行同方向平稳跟踪，使被拍摄主体始终处于画面中的最佳位置。同时，保持"半按快门"状态，以便在最佳时机及时按下快门。

3.3.3 光圈优先模式

光圈优先是指由机器自动测光系统计算出曝光量的值，然后根据选定的光圈大小自动决定用多少的快门，手动设置光圈值，由测光结果自动调整快门速度。光圈优先模式一般用于拍摄静物和控制景深(图 3-4)。

在自动曝光照相机上，优先决定光圈的刻度，快门速度由电子快门控制，从而选择适当的曝光方式。由拍摄者先设定光圈 F 值后，相机测光系统依当时光线的情形，自动选择适当的快门速度以配合(可为精确无段式的快门速度)。在设有曝光模式转盘的数码相机上，通常在转盘上以"A"挡来表示光圈先决模式。光圈先决模式适合于重视景深效果的摄影。

图 3-4 光圈优先模式拍摄(Jaee 摄)

景深是指在拍摄的场景中，对焦的被摄主体前后可清晰成像的范围。景深大，表示被摄主体及其前后的景物都很清晰，景深小，则仅仅是被摄主体清晰，而背景被虚化模糊。景深与光圈大小、镜头焦距和拍摄距离三个因素有关。光圈越大，景深越小，光圈越小，景深越大；焦距越长，景深越小，焦距越短，景深越大；距离越近，景深越小，距离越远，景深越大。

1. 使用光圈优先的目的

使用光圈优先模式的目的是拍摄者可以自己控制景深。在风景摄影中，当拍摄者希望近处和远处的画质都要清晰，而快门速度并不重要的时候，需要设定一个较小的光圈。在人物摄影中，拍摄者更希望一个较大的光圈，使得人物的背景失焦，用以强调人物主题而淡化背景。

使用光圈优先的另一个目的是让相机选择快门速度，以防止不恰当的曝光时间。当拍摄瀑布时，会选用较大的光圈值，也就是较小的光圈配合较长快门时间，使得瀑布的水滴变得模糊。但当在较暗的灯光下摄影时，使用较小的光圈值，也就是获得更大的光圈，让更多的光线进入镜头。

光圈可以控制景深的大小，所以光圈优先主要应用在需要优先考虑景深的拍摄场合，如人像、风景、微距等。大光圈具有突出主体、虚化背景的作用，尤其是在使用中长焦镜头时，采用大光圈的优势更加明显。在拍摄花卉、人物特写等内容时，通常要求主体比较“抢眼”，这时可通过光圈优先模式选用最大光圈，如 F2，F2.8，并结合长焦距和近距离拍摄。

在光线充足的情况下开大光圈，如果没有足够快的快门速度配合，会造成曝光过度，这时要运用低感光度、滤光镜等来解决此类问题。

2. 光圈优先的应用场合

(1) 风景通透

小光圈能够产生大的景深，使远处和近处的景物都清晰，因此在拍摄合影、风景、建筑等题材时，应尽量选用最小光圈，如 F8，F11，而专业级数码相机使用 F16，F22 这样的光圈拍摄产品、静物或者风景题材，画面细节表现会相当清晰(图 3-5)。需要注意的是，在现场光线不太明亮时，使用最小光圈，选择的快门速度可能会比较慢，为了防止拍摄时手抖，可使用三角架，或提高 ISO 值。

(2) 层次清晰

使用小光圈的景深比较大，拍微距时可以利用这个特性。因为相机与被摄物非常近，稍不注意就会产生对焦点清晰而前后部分模糊的现象，选用小光圈可将整个主体拍摄清晰。

(3) 速度控制

在同一环境下，光圈和快门是相辅相成的，光圈越大，进入的光线就越多，所需的快门时间就越短；反之，光圈越小，快门速度就越慢，因而可以通过光圈来调节快门。比如在光线较暗的场合，用光圈优先设定大光圈，相机会选择较高的快门速度，从而保证手持相机时的稳定性；拍摄体育比赛时，大光圈能定格高速运动的主体；而在拍摄瀑布时采用光圈优先，将光圈缩小，可降低快门速度，既能保证景深，还能用慢快门让瀑布形成如纱如雾般的效果；拍摄

图 3-5　光圈优先模式下用小光圈拍摄得到较大景深(Jaee 摄)

夜景时,小的光圈还能使灯光出现向外漫射的星光效果。

3.3.4　手动模式

手动模式就是用户能够自由设定光圈大小和快门速度,拍摄时完全由用户自己决定曝光量。这种曝光模式比较适合于有一定摄影知识的拍摄者,它能够完全按照拍摄者的意图实现各种场景下的拍摄。在数码单反相机上都设有全手动曝光模式,一些较专业的数码相机如佳能 G11 也设有手动曝光模式。在全手动曝光模式中,相机也会自动测光,并显示所选定的曝光组合与相机测得的曝光值的差距,在拍摄的时作为参考。因为在某些特殊情况下,相机测得的曝光值不一定准确,实际拍摄时,拍摄者会根据光线适当加减曝光量,在手动模式下,拍摄者可以方便地实现。

3.3.5　相机的自动曝光模式选择

自动曝光模式是由相机自动判断快门速度和光圈值,以求得到最佳曝光效果的拍摄模式。

在这个模式下,快门速度、光圈大小、白平衡感光度和色彩效果等参数全部由数码照相机来自动控制,无法手动进行调节。拍摄者可以调节单张拍摄或者是连拍以及自拍等,另外还可以调节照片的大小,有些相机还设有其他的一些调节功能。对于光线均匀、色彩明丽的拍摄环境来说，自动模式可以拍摄出不错的照片，但是，随着对自动挡拍出照片的熟悉，用户会发现，在一些比较具体和复杂光线的环境中自动挡是无法达到理想的效果，这时如果希望拍出更高水准的照片，那就要尝试更多的拍摄方法及手段。

3.4 测 光

如前文所述，数码相机的测光系统一般是测定被摄对象反射回来的光亮度，也称之为反射式测光。

数码相机的测光原理并不复杂，最重要的是，相机的测光系统（或测光表）是以何为测量基准的。通俗地讲，就是相机在测量一个场景的光线时，怎样“想”自己看到的东西。

需要注意的是，所有的相机在测光过程中，会将“看到”的所有物体都默认为反射率为18%的灰色（摄影的专业术语叫“中级灰”），并以此作为测光的基准。也就是说，在相机的“眼”中，所有的被摄体都是灰色的，曝光的目的是为了正确还原这种灰色。

为什么是这个特殊的18%灰？因为18%灰与人皮肤平均反射光（16%～20%）的色调一样，而人是我们最常拍摄的对象（其他物体的反射率，如银是96%，绘图白纸75%，纯黑是3%等）。

图 3-6　以突出画面主题进行测光（来自网络作品）

测光表工作时，要看被摄体的反射率是否为18%，如果反射率是18%，这样测量出来的数值就十分准确了，按此数值曝光，被摄体的色彩和影调就会得以真实地还原，所以，对人的皮肤以及平常的色彩斑斓的景物来说，这种以灰色基调为还原标准的曝光是非常准确的。如果被摄体的反射率不是18%，那么相机测光系统测量出来的数值就不准确，若直接按此数值曝光，画面的影调和色彩就会出现失真，比如拍摄白茫茫的雪原、黑漆漆的煤田，相机也把它们当作灰色来还原，直接对着它们测光聚焦，往往会拍出灰色的雪和煤。

需要注意的是，在一个复杂的场景中拍摄，评价曝光是否准确还需视拍摄主题及想要突出的拍摄对象而定。图3-6是以突出画面主题进行测光。除逆光时剪影拍摄外，一般要求拍摄主体的曝光尽量准确，细节清晰。

3.4.1 测光模式

由于各类相机的构造和功用不尽相同，因此，与之相适应的测光系统和方式也各有所异。

目前，几乎所有的数码相机测光方式都采用 TTL (Through the lens)、自动测光(Auto Exposure)系统经过镜头来测光。下面主要介绍镜头(TTL)测光的一些基本知识。

通过镜头(TTL)测光的方式具有携带、使用方便的特点，并在使用滤光镜或近摄皮腔时可以简便、直接地测量出光线经过滤光镜或近摄皮腔阻挡、衰减后的亮度值。数码相机的测光模式有以下四种。

1. 平均测光

平均测光，又名“整体测光”，是最基本的一种测光方式，是将被摄体在取景屏画面内的各种反射光线的亮度进行综合而获得平均亮度值。平均测光的特点是使用简单，但测光精度不高，在取景范围内明暗分布不均匀的状况下，较难直接依据测光数值来确定合适的曝光量，尤其是当画面中有大面积的白色或黑色物质时，提供曝光值往往并不准确。

平均测光系统主要是在一些低档的入门级数码相机中应用。

2. 中央重点测光

中央重点测光，又名“中央均衡测光”(Centerweighted averaging metering)，主要是测量取景屏画面中央长方形或圆形(椭圆形)范围内的亮度，画面其他区域则给以平均测光，长方形或圆形(椭圆形)范围外的亮度对测光结果的影响较小。至于中央面积的多少，因相机不同而异，约占全画面的 20%～30%。

由于是依据画面中央最重要主体的光亮度来读取合适的曝光值，显然这种测光系统的精度高于平均测光。

另一种中央测光的形式叫做“底部测光”，与中央测光相似，它是对画面的下半部测光，从而可减少对天空的过多注意而产生的错误。

中央重点测光系统一般用于中档小型数码相机，这种测光模式较适用于人像写真拍摄。

3. 点测光

点测光(Spot metering)的测光范围是取景器画面中央占整个画面约 2%～3%面积的区域。点测光基本上不受测光区域外其他景物亮度的影响，因此可以很方便地使用点测光对被摄体或背景的各个区域进行检测。

点测光具有较高的灵敏度和精度，但一定要牢记，要想实现准确曝光，测光对象应该适合 18%灰的要求。

4. 矩阵测光

矩阵测光，又名“分区测光”“多区域评价测光”(Multi-zone evaluative metering)，这种测光模式也称为“智能化”测光，是一种高级的测光方式。矩阵测光系统将取景画面分成若干区域(不同的相机划分的形状、方式不同)，分别设置测光元件进行测量，然后通过相机内的微电脑对各个区域的测光信息进行运算、比较，并参照被摄主体的位置，推测出被摄体的受光状态是逆光还是一般光照，从而决定每个区域的测光的加权比重，全部衡量后，计算出合适的曝光值。

有些相机的矩阵测光系统在决定曝光需要量的同时，还把场景的色彩也计算在内。矩阵测光目前较广泛地应用于一些高档数码相机，它能够使相机在各种光线条件下拍摄都取得较好的自动曝光系统。

3.4.2 常用测光模式的测光技巧

1. 平均测光模式

平均测光模式最容易出现错误（庆幸的是，只采取这种测光模式的数码相机越来越少了），因为测光系统对每一个物体的测量都假定为18%的灰。为了防止错误地曝光，拍摄中可以考虑采用以下两种控制测光的方法。

（1）现在不少数码相机具有“曝光锁定”功能，它的工作方式是，当我们用相机对准拍摄场景中的某一特殊部位（这部分的反光应该相当于10%灰）测光，得到正确的曝光数据后，用曝光锁定控制固定这个曝光条件，然后重新构图，按自己的画面要求取景，最后按下快门。

（2）对于没有“曝光锁定”控制，但具有“手动控制”功能的数码相机，拍摄方法为：靠近现场合适的拍摄主体，让它充满取景器，或者让相机对准反光值相当于18%的其他部分，按此时的曝光值设定光圈和快门，然后回来重新构图、拍摄。

需要注意的是，当我们靠近拍摄物体测光时，不要让自己挡住光线，而且要认准这部分被测光的景物反射值接近18%灰。并且当测光物体与镜头的距离和被摄主体与镜头的距离不一致时，要注意控制好焦距。

2. 中央重点测光模式

中央重点测光比平均测光模式更准确，但仍然经常会出现上面类似的问题，所以可以参照上面的测光控制方法和拍摄技巧来拍摄。

3. 点测光模式

点测光模式能较好地计算曝光量。拍摄中需要记住的是，寻找取景器画面中光线反射值相当于18%的那些地方，读取曝光量，最好用曝光锁定控制保持住，直到重新构图（如果需要的话），按下快门。

需要注意的是，数码相机在自动拍摄模式下，可先调整镜头准确测光后半按快门，然后移动相机构图，按下快门。

4. 矩阵测光模式

使用矩阵测光模式，差不多可以得到95%左右很好曝光的效果，但即使是这样，也有可能出现被相机“骗”的遭遇。

此时，应仔细研究导致“失败”作品的原因，总结经验，以便在今后遭遇类似拍摄情况时认真调整，补上（或减少）合适的曝光量。

3.4.3 测光环境复杂的“分级曝光”技巧

有时会遇到由于拍摄现场复杂，光线非常不好掌握；或拍摄时间比较紧张，根本来不及考虑太多的测光技巧。在这种情况下，为了避免错失一生难得的摄影机会，可以考虑采用“分级曝光”拍摄。

“分级曝光”就是在同一场景中拍摄多幅相同的照片，而每幅照片的曝光设定不是按测光系统测定的曝光值，相对于测光表的曝光值，有的曝光不足，有的曝光过度。

目前，一些先进的数码相机具备自动分级曝光功能(在有些相机的使用说明书中，将这种技术称为“包围式曝光”)。启用该功能后，数码相机会连续拍摄三张照片，而这三张照片的曝光量相差一挡或者两挡，这样，三张照片中肯定会有一张是曝光正确的。

下面通过举例来更形象地说明“手动控制”拍摄模式下的“分级曝光”技巧。

假定在一个光线复杂的拍摄场景中，相机的测光指示该场景的曝光值是 F8、1/250 s，但我们无法肯定测光是否可靠，于是，可考虑采用下面的“分级曝光”技术拍摄。

首先按测光指示的曝光值设定(F8、1/250 s)拍摄一张照片；接下来，分别改用 F11、1/250 s和 F5.6、1/250 s 各拍摄一张(为了确保拍摄效果，还可用 F16、1/250 s 和 F4、1/250 s再多拍两张)。

现在，换到原来设定的 F8 光圈，改变快门速度，分别用 1/500 s 和 1/125 s 各拍摄一张(同理，仍可用 F8、1/1 000 s 和 F8、1/60 s 再多拍两张)。

将上面拍摄的各张照片传到电脑上对比分析，就能逐渐轻松掌握复杂光线情况下的测光和曝光窍门。

3.4.4 不同受光情况下的测光方法和技巧

根据光源的性质和照明状况，拍摄时被摄体的受光情况大致有三种：连续光、闪光和混合光。在这三种光照下，测光的方法和技巧是有所区别的。

1. 连续光测光

连续光的最大特点是稳定且便于观察照明效果，因为它的测光方法是最多的，通常有机位测光法、接近主体测光法、平均测光法、中性灰卡测光法、被摄体主调测光法、最亮点与最暗点测光法以及多点测光法等。其中，最为实用的是中性灰卡测光法和被摄体主调测光法。

(1) 中性灰卡测光法

中性灰卡测光法是既简便又较为准确的测光法，它将反射率为 18%的标准灰卡(图 3-7)作为测光对象。用此法测光时，要尽量使中性灰卡靠近被摄体，并与之平行，灰卡正对照相机，与镜头光轴垂直，为避免灰卡反光，可将灰卡稍向前俯。中性灰卡测光法最大的好处是可以避免因对被摄体的测光部位选择不当而产生测光误差。

(2) 被摄体主调测光法

当被摄体的亮部和暗部分布均匀、照明均匀时，测光是很容易的；反之，测光就变得较难了。遇到这种情况，一般可采用被摄体主调测光法。该法是对被摄体的主要局部作“点测光”的测光方法，操作较简便，测光时的关键是选好被摄体的主调，即以被摄体的亮部作为主调或以中间调部分或暗部作为主调。

被摄体主调测光法的优点是能确保被摄体主调部分有良好的层次与细节表现。

2. 闪光测光

闪光不同于连续光，它只是瞬间发光，因此使用一般的连续光测光表是无法进行正确测光的，必须考虑带有闪光测光功能的测光表，并且将测光状态置于“闪光测光”状态。

目前对闪光的测光一般采用入射式测光表测量，测得的数值是闪光照明下反射率为18%的中性灰的曝光值。

3. 混合光测光

混合光是指发光性质不同的光源混合使用。它在摄影中其实并不常用，主要是因为不同光源的色温不同，会给被摄对象各区域色彩的准确还原带来困难。另外，性质不同的光源混合使用，尤其是连续光和闪光混合使用，也会给影像的曝光控制带来困难。

图 3-7　柯达 18% 标准灰卡

3.5 曝光补偿

3.5.1 曝光补偿的目的

拍照的过程中，相机的测光系统会受到物体反射光线多寡的影响，以决定适当的曝光值。可是测光机制有个盲点，即使在同样的光线下，只要物体颜色一改变，曝光值也会跟着改变，因此会出现曝光不准确的问题。

而这种现象以深色、淡色系最明显。因为黑色是将所有光线吸收进去，完全不反射；白色是将光线完全反射；其他颜色则是依不同比例分别吸收（反射）三原色（红、蓝、绿）的结果。

因此，当拍摄主体颜色较深时，反射光线少，会导致测光系统判断为光线不足，自动增加曝光值，反而造成照片变的太亮；而拍摄主体为浅色系时，反射光多，因此造成测光系统误判为太亮，减少曝光值，结果照片反而变得太暗。

图 3-8　曝光补偿按钮

正因为测光系统有这样的问题存在，因此相机都会设计“曝光补偿”来改善(图 3-8)。所谓曝光补偿，是指在相机测光之后，再由使用者根据经验调整明亮度，让照片曝光恢复正常的矫正系统。

数码相机的测光曝光系统和传统相机一样，在处理图像时，有个基本的准则，就是将所有被摄对象都按照 18%的中性灰亮度来还原，在相机的感光系统看，无论对象原来是黑的还是白的，它都力争将其表现为中间影调的灰色。所以在实际拍摄时，仍然需要摄影者根据拍摄现场的复杂情况做出相应判断，只有这样才能够确保获得理想的密度和色彩还原。

3.5.2　曝光补偿的技巧

1. 曝光补偿的基本原则

曝光补偿的第一原则是“白加黑减”。所谓“白加”是指拍摄白色或浅色景物时要增加补偿。例如拍摄雪景，由于雪的表面存在强烈的反光，相机的自动测光系统会误认为拍摄环境太亮而自动减少曝光量，结果使画面偏暗，造成白色的主体变得不太白的问题。用正补偿增加曝光量，可以弥补相机自动测光的错误判断，使雪景获得正常的色彩还原效果。

所谓“黑减”是指拍摄黑色或深色物体时要减少补偿。例如拍摄身穿黑色服装的人物、深色调的山川、黑色的狗、棕色的熊等深色主体时，由于深色会吸收较多的光线，相机的测光系统会误认为拍摄环境太暗而自动增加曝光量，使黑色变得不够黑。用负补偿减少曝光量，可避免出现曝光过度的问题。

曝光补偿的第二原则是“亮增暗减”。所谓“亮增”是指背景非常明亮并且占较大面积时，需要增加曝光补偿。例如，拍摄背景为明亮的天空或水面等亮度较高的场景时，需要设置正补偿，这一点在逆光摄影中体现的尤为明显。

所谓“暗减”是指背景很暗并且占较大面积时，需要减小曝光补偿。在这种情况下，相机的测光系统受到周围环境的干扰，误认为现场环境太暗而自动增加曝光量，导致画面发灰。使用“暗减”原则，能够很好地解决这个问题。

2. 看着 LCD 屏幕直接调整

在传统相机上，曝光补偿的结果必须在照片洗出来后才知道，因此要调整多少必须靠经验；然而数字相机拥有 LCD 屏幕，曝光补偿时只要边看边调整，无需担心照片拍出来太暗或太亮。

3. 曝光补偿的其他经验

虽然曝光补偿的口诀是“黑的越暗、白的越亮”，不过这毕竟是大原则，这些数值会随着不同的测光模式和拍摄当时的光线而有所变化，因此只能当作参考。

表 3-1 是在中央重点测光模式下的曝光补偿建议表格。对于初学摄影的人来说，想要一次就设定正确的曝光补偿数值，的确是有一定难度的，不过只要利用“包围曝光”就能基本解决了。

表 3-1　中央重点测光模式下的曝光补偿建议值

拍摄情况	不调整曝光补偿的结果	曝光补偿建议值
逆光人像	主体太暗	+1 2/3
海边、白色沙滩	照片太暗	+1.0
白色物体	曝光略暗	+2/3
黑色占满取景画面时	照片太亮	−1 2/3
树荫下、多云时	照片略亮	−2/3

3.5.3　曝光补偿和闪光灯补偿

其实曝光补偿和闪光灯曝光补偿最大的区别就是他们的工作方式不同。曝光补偿是通过相机内部改变 ISO 来对照片的明暗进行调整，而闪光灯曝光补偿是通过相机内置的闪光灯增加亮度来对照片补光进而调高照片的亮度。尼康数码相机的曝光补偿设置如图 3-9 所示。

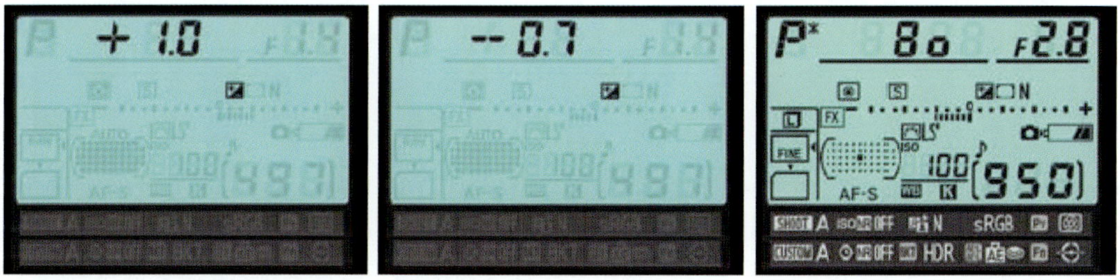

(a) 向左转动主指令拨盘增加曝光量　(b) 向左转动主指令拨盘增加曝光量　(c) 查看设置完成的曝光补偿

图 3-9　尼康数码相机的曝光补偿设置

图 3-10　闪光补偿按钮

闪光灯补偿（图 3-10）是改变闪光灯的输出强度，闪光灯工作只在一瞬间，持续时间约为 1/1 000 s。在这千分之一秒的时间内的灯光输出强度改变是闪光灯补偿。这个强度很大，如果同等地用曝光补偿来做的话根据强度不同，可能差别非常的大。如果是晴天，使用曝光补偿会比闪光灯补偿来得更有作用。如果是在非常暗的情况下，可能一个 1/3EV 的闪光灯补偿折算到曝光补偿要用几秒甚至十几秒的时间来完成。总之,使用内置闪光灯的,功能相对简单,主要是在曝光不足的情况下可获得较正常的曝光量,光线较硬,曝光最大输出量较小。

3.6 自动包围曝光的运用

包围式曝光(Bracketing)是相机的一种高级功能。包围式曝光是在按下快门时,相机不只拍摄一张照片,而是以不同的曝光组合连续拍摄多张,从而保证总能有一张符合摄影者的曝光意图。使用包围式曝光需要先设定为包围曝光模式,拍摄时如同平常一样拍摄就行了。包围式曝光一般适用于拍摄静止或慢速移动的对象,因为要连续拍摄多张,很难捕捉动体的最佳拍摄时机。

包围式曝光的做法是:先按测光值曝光一张,然后在其基础上各拍摄一张增加和减少曝光量的照片,若仍无把握,可变化更多曝光量拍摄,可按级差为 1/3 EV、0.5 EV、1 EV 等来调节曝光量,每张照片的曝光量均不相同,这样就能从一系列的照片中挑选出一张令人满意的。

图 3-11 的曝光补偿值分别+1 和-1,可以看到,曝光补偿为 EV-1 的照片画面曝光效果比较好。

曝光补偿EV+1　　曝光补偿EV+0　　曝光补偿EV-1

图 3-11　设定不同的曝光补偿值

自动包围曝光是一种通过对同一对象拍摄曝光量不同的多张照片“包围”在一起,以获得正确曝光照片的方法。“自动”指照相机会自动对被摄物体拍摄连续拍摄 2、3 或 5 张曝光量在 0.3 EV 到 2.0 EV 的照片(每张照片曝光量不同)。当不确定曝光是否正确时,可以使用自动包围曝光功能,保证曝光的准确度,提高了照片的质素。数码相机上的自动曝光功能,甚至可以让用户把欠曝和过曝的照片合成一幅曝光准确的照片——即使在拍摄的时候并没有任何一张照片曝光准确。

通常，当用户在照相机中选择自动包围曝光功能后，可以设定连拍的照片数量(最典型为 2、3 或 5)，曝光设定(如 0，－，＋或－，0，＋等)。应注意，曝光设定中的曝光值是曝光补偿的值。

思考与练习

1. 理解摄影曝光的概念，练习用数码相机拍摄正常曝光的风景、静物和人物。

2. 利用不同的相机曝光模式拍摄同一景物，比较这些照片之间的差异。同时用相机的预设“场景模式”拍摄相应的题材(如人像模式、风景模式、夜景模式等)，然后比较利用速度优先、光圈优先等模式拍摄的照片。

3. 使用“包围式曝光”拍摄夜景。思考为什么在某些拍摄环境中不是曝光补偿 EV 为 0 的照片效果最好。

第4章 影像的用光

4.1 认识光线

4.1.1 光线的相关概念

影像的获取离不开光,有光才有影(图4-1)。摄影就是用光来作画,如何利用光与影的关系来构成影像和影调,是摄影创作中的关键。现实生活中的自然光来自唯一的太阳光,对于投射在被摄体上的光线,因方向和角度不同,不仅阴影的位置和面积会随之改变,而被摄体的印象、感觉,包括影调和色调也会呈现出明显不同的视觉效果。所以,选择适当的光线,包括适当的光线方向和角度,是从事摄影创作不容忽视的第一步。

图4-1 《蝴蝶》(Toni Guetta 摄)

一般来说,光线从照射方向来分类主要可以分为三种,即顺光、侧光和逆光。顺光是从照相机背后方向照射过来的光线,由于光线是从正面方向均匀地照射在被摄体上,被摄体受光面积大,阴影也比较少,拍摄时测光和曝光控制相对比较容易,即使是使用相机的自动曝光系统,一般也不会出现曝光上的失误。但在顺光的条件下,由于被摄体表面凹凸不平,因受光情形完全相同,阴影不易显现,会造成物体的质感和立体感贫乏,对主体的描写也趋于平淡。侧光是指从被摄体侧面照射过来的光线,它能使被摄体表面的凹凸呈现出明确的阴影,对于表现被摄体的纹理和质感是一种十分理想的光线。侧光既能勾勒出被摄体的轮廓线,又能体现立体感,是摄影时较为常用的光线。逆光是指太阳光从被摄体背后照射过来的光线,可以想象,在逆光的情况下被摄体往往会变成剪影,因此对于曝光的把握相对比较困难一些。逆光能给被摄体轮廓镶上一条夺目动人的金边,如处理适当,能创造出一种独特的美感(图4-2),拍出充满戏剧性效果的光影感觉。在拍摄逆光照片时，如果按背景测光或者是按自动程式曝光时，往往会曝光不足，一定要注意曝光补偿或是补光，补光可以用反光板或是闪光灯日间同步。

图 4-2　逆光拍摄的小草(Jaee 摄)

众所周知，太阳从日出到日落，每分每秒都在改变位置，因此，照射在被摄体上的光也会随着太阳位置的推移而不断改变角度。随着角度的改变，被摄体表面的质感描写以及阴影的均衡都会直接影响整体的表现效果。一般来说，被摄体的侧上方45度前后的光线被认为是最佳的采光角度，大约相当于上午10点和下午2点左右这两个时间段。因为同样是侧光，对于被摄体而言，高角度时阴影较短，低角度时阴影较长。同样状况的光线一天只有一次，对光的角度的选择不能掉以轻心，这需要摄影师仔细观察不同季节、不同天候、不同时间、不同方向和角度的光线的微妙变化，以及能在画面中出现的情绪效果，以便更好地根据表现主题和构思来灵活运用光线。

另外，光线如果从光质上来区分，还有软硬之分。直射光通常称为“硬光”，一般是指没有云彩或其他物体遮挡的太阳光，或是直接照射到被摄体上的人造光，如照明灯、闪光灯等。直射光照明下的被摄体，受光部分和阴影部分的光比较大，亮部清晰，阴影浓重，画面反差强烈，立体感强。但对于有些被摄体，如花瓣和人的肌肤等，当明暗反差过大时，反而会给人以粗糙的感觉。值得注意的是，直接照射的闪光灯往往会在被摄体背后留下一个夸张的黑影，使画面显得过于生硬，缺乏美感。散射光是一种不会产生明显投影的柔和的光线，也称为“软光”，如阴天或被云彩遮挡太阳时的光线便属于散射光线。使用人造光时通过柔光纸透射或是反光板来反射的光线也属于散射光线。因为光线不是直射而是从不同方向反射到被摄体的原因，所以阴影很淡，反差较小，影调相对比较柔和。在云彩过厚的阴天，因为光线过度扩散的缘故，色调和阴影都将显得没有变化，画面效果显得平淡。因此，有淡淡的云彩遮挡太阳，直射光和散射光混合的明亮的阴天，一般被公认是最佳的“拍照天”。

说到摄影用光，还有一个必须考虑的因素，就是光和色温的关系。在彩色摄影中，光源色温的高低直接影响着被摄体色彩的真实还原。色温是表示光源的光谱成分，是光源颜色的一种度量，用绝对温标K(开尔文)来表示。通俗来说，在色温高的光源中，所含的蓝色光成分多于红色光，在色温低的光源中，所含的红色光成分多于蓝色光。不同光源的色温值是不一样的，同样是白天，不同时间段太阳光的色温也有变化，如日出或日落的太阳光色温较低，在2 000～3 000 K左右，早晨或下午的阳光在4 000～5 000 K左右，接近中午前后的阳光在5 500 K左右。电子闪光灯的色温为5 500 K，碘钨灯、摄影钨丝灯一般在3 200 K左右。在彩色摄影中，传统彩色胶片有日光型和灯光型两大类。日光型彩色胶片的标定平衡色温为5 500 K，灯光型彩色胶片的标定平衡色温为 3 200 K。也就是说，日光型彩色胶片必须在色温5 500 K的光源下使用，才能得到标准的色彩还原，而灯光型彩色胶片则适合在3 200 K色温的光源下使用。如果用日光型的胶片在色温 3 200 K 左右的光源下拍摄，照片就会偏橙红色，如早晚太阳光色温低，用日光型胶片拍摄日出日落时照片往往会偏橙红色的暖色调，其原因也在于此。有一种方法就是，如果用日光型胶片在色温 3 200 K 的光源下拍摄时，也可以在镜头前加蓝色色温转换滤光镜来升高色温，以求得到色彩的正常还原。同样，灯光型彩色胶片也可以通过用琥珀色色温转换滤光镜来降低色温，便能在 5 500 K 的光源下使用，而在数字摄影中就是要对“白平衡”进行调整与设置。对于有经验的摄影者来说，必须熟练掌握不同光源的色温变化，以便更好地把握照片的色彩和色调，更充分地体现创作的主题和画面的气氛。

4.1.2 光的造型作用

1. 光影的艺术

“摄影是光的艺术，光是摄影的灵魂。”摄影使用的光感材料必须通过光源才能发挥其应有的作用。光线在摄影中不仅用来照明被摄物体，它还担负着传递被摄物体的信息，起着桥梁和媒介的作用。例如，被摄体形状、体积、数量、色彩、质感、空间深度感等信息，以及被摄物体影调的明暗配置、画面气氛、层次等诸多方面，都必须通过光线的效应才能表现出来。所以，摄影者不能单纯从表象观察光，而要在实际的构思中去灵活运用光。同一个被摄体，采光的角度、照度不同，得出的效果各异。因此掌握光在摄影中的效应和“光感”，善于运用，感觉敏锐，是摄影者应有的本能，画家靠手中熟练的画笔来描绘物体，摄影者凭着运用光线来表现被摄体。光是摄影的灵魂，完成摄影的过程需要光，表现摄影艺术本质依靠光，正确地认识光线，摸透光的变化规律，了解它所带来的艺术效果，在摄影艺术创作中充分地运用，才能做到惜光如金，用光如神(图 4-3，图 4-4)。

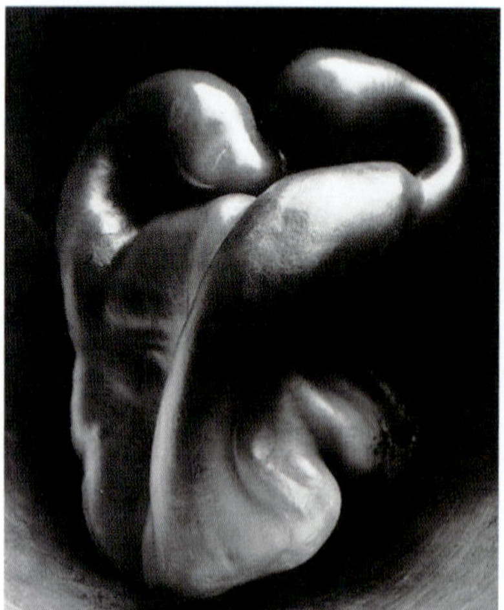

图 4-3 《青椒》(爱德华・韦斯顿 摄)

图 4-4 《女人体》(爱德华・韦斯顿 摄)

2. “光”的造型

摄影艺术是造型艺术，光对摄影艺术造型的表现力起着关键的作用。在摄影创意中要有“光”的造型意识，调动“光”的造型手段，才能达到艺术效果。摄影中被摄体在画面中的再现，要通过光作传播媒介，光线对摄影的造型表现，环境气氛的渲染，思想感情的表达，都有着极其重要的意义。

大自然中，光是千变万化的，复杂微妙的。一天中，阳光随着时间的变化而不断改变入射的方向、角度及强弱，会在摄影造型中带来不同的效果。例如，太阳与地面的角度会升或降至15度，也就是早晨或黄昏的时间，其特点是太阳入射角度小，光对景物照射垂直面受光面积大，物体产生投影较长，受光面与阴影面反差大，光线强度小，较柔和。在这种光线条件下，选用逆光、侧逆光拍摄，容易获得明显的空气透视感，画面呈现气氛浓烈、富有诗意的造型效果。

当太阳与地面呈20度至60度时，此时光线的特点是入射角适中，光线方向性明确，亮度变化小，造型效果好，光影移动慢，色温适中，这时正是摄影的黄金时间，所拍摄景物清晰，影调明朗，层次丰富，有利于景物在造型上表现出立体感、空间感和质感。这时可选择不同方向的光线造型，使景物能获得色调分明，层次丰富，线条刚劲，光线明快的效果。

当太阳与地面的角度呈70度至90度时正逢正午，光线垂直下照，物体顶部受光多，垂直面受光少，使景物照度明暗反差大，层次缺少，透视效果差，物体造型缺乏立体感。所以，在摄影造型效果上较少运用这种顶光。

如前所述，由于一天中直射阳光的光线变化对造型带来的效果不同，拍摄者可以选择采光的方向对造型进行设计。根据拍摄采光的方向与太阳照射物体方向的不同，采光的方向基本划分为顺光，侧光和逆光，这三种采光的不同，在摄影造型中同样产生不同的效果和影响。

顺光对摄影造型的表现力使物体受光面均衡，能全面表现物体的质感，影调配置主要靠物体本身的色调来完成。但顺光一般不利于表现物体的空间感和立体感，影调较平淡单调，层次感弱，缺乏起伏明暗的视觉节奏效果，更不宜表现空间感大、物体数量众多的景物造型（图4-5）。

侧光对摄影造型的表现力较强，能使物体受光面与明暗面明显表现，画面明暗配置和反差鲜明清晰，物体层次丰富，空气透视现象明显，有利于表现物体的空间深度感和立体感，是摄影造型效果比较理想的光源。但在运用时，要注意受光面与明暗在画面造型中所占比例。

图4-5 *Mud Forest*（Steve Katiyapong 摄）

逆光在摄影造型表现中能表达空间深度及环境气氛的烘托，表现空间透视的效果，有利于勾画物体的轮廓线条和表现物体的数量，在构思方面运用低调画面来表现物体造型艺术效果更佳，但切记要运用暗背景来烘托主体(图4-6)。当拍摄物体的特写或近景时，最好正面运用补光办法，使物体正面的质感更好地表现，曝光则定以正亮度为宜，使造型效果更好。

图 4-6　逆光拍摄作品

正确地认识光线，掌握其变化规律，了解它对摄影艺术造型表现力，是摄影者在“光感”修养中的必由之道。摄影创作中的用光是千变万化、灵活多端的，但是它的本能又是不能忽视的。光是摄影的根基，实现摄影的技术过程通过光，达到摄影的艺术本质离不开光，摄影的艺术是光与影的艺术。没有光就不能获得影调，也就不能形成摄影艺术形象。所以，在摄影构思中要有光的造型意识，调动光的造型作用，充分发挥光在摄影艺术造型中的表现力。

3. 光对色彩还原的要素

光在彩色摄影中对色彩正确还原起着直接的作用。光与色彩有着密切的内在关系，总的来说，有光才有色，色从光来，又与光变。道理很简单，人在光线下能清楚地分辨物体的颜色，如果在没有光的黑暗环境中，任何颜色也难以分辨出来，这是因为色彩要通过光线的照射才能呈现。光作用于人的视觉，才能使我们感受到那些颜色。在复杂的彩色摄影中，色彩的正确还原和再现是彩色摄影成败的关键。光对色彩的正确还原的要素有三点，一是光源的性质，二是光的方向，三是光线的强弱。

光源的性质对物体颜色的还原影响很大。因为日光与灯光的性质不同，色温不同。日光的色温是 5 400 K，而灯光的色温只有 3 200 K，在日光与灯光下，物体会呈现出不同的色彩。如红色的物体在日光下看呈鲜红色，但在灯光下看，就会呈现出品红色或紫色，因为光源性质不同，色彩也就不同。

对同一物体采用不同角度的光线照射，如直射光与散射光，顺光与侧光，逆光和顶光，光线照射方向不同，使物体产生的明暗就会不同，导致其色彩在还原中产生不同的差别。顺光使同一物体的色彩受光面相同，没有明暗区别，造成色彩缺乏明暗对比层次。侧光可使同一物体的色彩在明暗度上产生明显的区别。逆光对物体的正面色彩表现较难，还原较差，常运用逆光的表现追求色彩的整体效果。光线的强弱也容易使物体颜色的色相、明度、饱和度发生极大的变化。

4.2 光源种类

4.2.1 自然光

自然光又称“天然光”，是不直接显示偏振现象的光。天然光源和一般人造光源直接发出的光都是自然光。它包括了垂直于光波传播方向的所有可能的振动方向，所以不显示出偏振性。从普通光源直接发出的天然光是无数偏振光的无规则集合，所以直接观察时不会发现光强偏于哪一个方向。这种沿着各个方向振动的光波强度都相同的光叫做自然光（图 4-7，图 4-8）。

图 4-7　网络作品（www.thebestofrussia.ru）

图 4-8　Robin de Blanche 摄

4.2.2 人工光

人工光是人工光源所发出的光线，由具有一定的发光特性的各种电光源所提供。内景摄影全部使用人工光，外景摄影则以自然光为主，辅以人工光。使用人工光较少受客观条件限制，光位的确定、亮度的控制、光影的布置和各种效果光的使用等，都可由摄影师自己来支配。人工光摄影，是指室内摄影中使用人工光源照明，诸如用碘钨灯、聚光灯、普通灯光等。利用人工光源拍照，要能准确控制曝光，考虑的因素有人工光源的亮度，这是由灯的多少、照明度大小以及被摄对象距离灯的远近等方面决定的，还有被摄对象反射光线的能力，周围环境影响等诸因素。如果是一定的灯距和光圈，100 W 灯光照明，曝光需要 1/30 s 的话，换用

200 W 的灯光照明，曝光则只需要 1/60 s。这说明照明灯光流明度增加多少倍，曝光时间则可相应减少多少倍。被摄体距离灯光的远近，决定了曝光量的多少。要估计准确，可用平方反比定律进行计算。如果被摄体距离灯光由原来的 5 m 改为 1 m，被摄对象所受的光就增强了 25 倍，曝光量就应减少为原来的 1/25。使用人工光摄影，掌握准确曝光只是一个方面，它还有如何布光的问题。在彩色摄影中，还有人工光的颜色问题，一般来说，人工光会给日光型彩色片带来色偏。如何在使用人工光摄影中，掌握好准确曝光，除了以上几个方面之外，具体还要在实践中体会，当积累了一定经验后，准确掌握曝光也就不难了(图 4-9)。

图 4-9　Евгений Колесник 摄

4.2.3　混合光

混合光是将不同光质、不同色温、不同光源的光线混合在一起使用，它可以使画面的光影、色彩、立体等方面产生多变的效果(图 4-10)。

图 4-10　Евгений Колесник 摄

在影像拍摄中，遇到混合光源的时候，拍摄是有一定难度的，因为一旦掌握不好，拍出的照片就会显得画面光线杂乱无章。学习应对混合光线环境下进行拍摄，有时甚至可以将混合光源作为创意的手段(图 4-11,图 4-12)。

图 4-11 Joanna Koltuniak 摄

图 4-12 杂志 *Antidote* 照片

4.2.4 红外光

红外光又叫红外线,是波长比可见光要长的电磁波(光),波长为 1 mm～770 nm,光谱上在红色光的外侧。使用红外夜视仪,即使是在漆黑的夜晚,人们也能像白天一样活动自如。

红外光是英国科学家赫歇尔 1800 年在实验室中发现的。它是波长比红光长的电磁波,具有明显的热效应,使人能感觉到而看不到。科学家发现,一定波长的光(可见光或不可见光)照射到某些金属等材料表面时,金属等材料会发射电子流,这种现象被称为光电效应。

自然界的任何物体都是红外光辐射源,每时每刻都在不停地向外辐射红外光。利用红外光的光电效应,人们制成了红外夜视仪,有能源(配备人工红外线光源)红外夜视仪和无源两种类型。红外夜视仪将自然界物体辐射(或反射)出来的、人眼看不见的红外光,通过光电望远镜的物镜,投射到光电变换器的光电阴极上。根据光电效应,这时就有电子流从光电阴极出来,并以很快的速度射向带正电的荧光屏。在电子射向荧光屏的途中,科学家设计了一种电子透镜,它能使电子按一定的路线射向荧光屏,同时把被物镜翻转的倒立像再翻转为正像。为了更好地观察所得到的像,在荧光屏和眼睛之间安装目镜,这样通过光电望远镜就可以清楚地看到夜间的景物。

利用红外辐射线进行的摄影,通常使用红外线胶片和透红外滤光镜,但也有和荧光摄影相似的间接红外线摄影。图 4-13 是红外光摄影作品,由于红外线具有较强的穿透力,可用于远距离拍摄或对生物组织进行穿透摄影,亦可用于森林、海洋污染调查或进行司法鉴定等。

根据同样道理,科学家还研制出红外摄像机和红外照相机。它们不仅可以在黑暗中,还可以透过薄雾和海水，甚至可以对人或物刚离开时所留下的痕迹摄像和照相。因为人停留过的地方温度比周围稍高，能发出稍强的红外光。利用这些技术，人们可以诊断疾病，探测材料损伤，侦察敌情等。现在，人们通过飞机、卫星上的红外遥感探测器，可以从高空发现森林里一个掉在地上的香烟头所发出的红外光。红外遥感分辨力高，能昼夜工作，在地质勘探、环境保护、军事侦察上已被广泛应用。

图 4-13　红外光摄影

4.3 用光的特性

4.3.1 光位

在自然光条件下，太阳是主要光源。太阳的高度及其与拍摄方向所形成的角度的变化决定光位。如用人工照明，光位可以根据造型需要进行调整。光位细微的变化都会对摄影造型效果造成细腻的变化(图 4-14)。

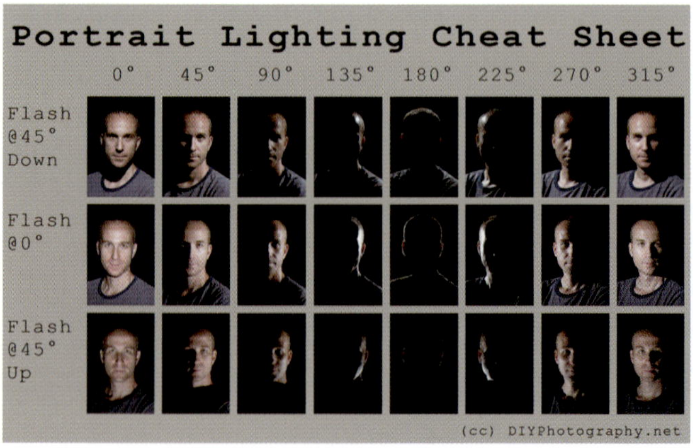

图 4-14　光位示意图

1. 顺光

顺光是光线投射方向跟摄影机拍摄方向一致的照明。顺光时，被摄体受到均匀的照明，景物的阴影被自身遮挡，影调比较柔和，能隐没被摄体表面凹凸及褶皱，但处理不当会比较平淡。顺光照明不利于在画面中表现大气透视效果，表现空间立体效果也较差。在色调对比和反差上也不如侧光和侧逆光丰富。顺光的优势是不但影调柔和，同时还能很好地体现景物固有的色彩效果，在进行光线处理时，往往把较暗的顺光用作副光或者造型光（图 4-15，图 4-16）。

图 4-15　Willis Robertsshe 摄

图 4-16　Andrey Yakovlev 摄

2. 侧顺光（斜侧光）

侧顺光（斜侧光）是光线投射水平方向与摄影机镜头成 45 度角左右时的摄影照明。在摄影艺术创作中，常用做主要的塑形光。这种光线照明能使被摄体产生明暗变化，很好地表现出被摄体的产生的立体感、表面质感和轮廓，并能丰富画面的阴暗层次，起到很好的造型塑型作用（图 4-17）。

图 4-17　Roman Shalenkin 摄

3. 侧光

侧光是光线投射方向与拍摄方向成 90 度左右照明，受侧光照明的物体，有明显的阴暗面和投影，对景物的立体形状和质感有较强的表现力。缺点是，往往形成一半明一半暗的过于折中的影调和层次，在大场面的景色中往往形成不均衡。这就要求在构图上考虑受光面景物和阴影在构图上的比例关系（图 4-18，图 4-19）。

图 4-18 *L'Officiel* 杂志拍摄照片

图 4-19 maria-zhikhareva 摄

4. 侧逆光

侧逆光亦称反侧光、后侧光。光线投射方向与摄影机拍摄方向大约成水平 135 度时的照明。侧逆光照明的景物，大部分处在阴影之中，景物被照明的一侧往往有一条亮轮廓，能较好地表现景物的轮廓形式和立体感(图 4-20)。在外景摄影中能较好地表现大气透视效果。利用侧逆光进行人物近景和特写时，一般要对人物做辅助照明，以免脸部太暗，但对辅助照明光线的亮度要加以控制，使之不影响侧逆光自然照明效果。

5. 逆光

逆光是来自被摄体后面的光线光线照明，由于从背面照明，只能照亮被摄体的轮廓，所以又称为轮廓光(图 4-21)。逆光有正逆光、侧逆光、顶逆光三种形式。在逆光照明条件下，景物大部分处在阴影之中，只有被照明的景物轮廓，使这一景物区别于另一种景物，因此层次分明，能很好地表现大气透视效果，在拍摄全景和远景中，往往采用这种光线，使画面获得丰富的层次。

图 4-20 《翼》(Sarolta Bán 摄)

图 4-21 网络作品(www. nphoto. net)

6. 顶光

顶光是来自被摄体上方的光线照明。在顶光照明下，景物的水平面照度大于垂直面照度，景物的亮度间距大，缺乏中间层次。在顶光下拍摄人物，会产生反常、奇特的效果，如前额发亮，眼窝发黑、鼻影下垂，颧骨显得突出，两腮有阴影，不利于塑造人物形象的美感。如果用辅助光提高阴影亮度形成小光比，也可获得较好的造型。在风光摄影中，拍摄位置恰当也可获得较好的影调效果。顶光包括顺顶光、顶光、顶逆光，前二者照明效果相似，后者与逆光效果相似。

7. 脚光

脚光是由下方向上照明人物或景物的光线。在景物前方的脚光称为前脚光，这种造型光线形成自下而上的投影，产生非正常的造型。常被用于表现画面中的光源，如油灯、台灯、篝火等自然照明效果，或者用做刻画特殊人物形象、特殊情绪、渲染特殊气氛的造型手段，也可做面部的修饰光使用。在景物背后的脚光称为后脚光，这种光线对照射在人物的头发尤其是女人的长发或者景物的细节时，有修饰和美化的作用，在摄影棚的拍摄中常作为一种效果光使用。

4.3.2　光度

光度是光的最基本要素，它是光源发光强度和光线在物体表面所呈现亮度的总称。光度与曝光直接相关，光度大，所需的曝光量小；光度小，所需的曝光量大。此外，光度的大小也间接地影响景深的大小和运动物体的清晰或模糊。大光度容易产生大景深和清晰影像的效果；小光度则容易产生小景深和模糊的运动影像效果。

4.3.3　光质

光质指光的硬、软特性。所谓硬，指光线产生的阴影明晰而浓重，轮廓鲜明、反差高。所谓软，指光线产生的阴影柔和不明快，轮廓渐变、反差低。硬光带有明显的方向性，能使被摄体产生鲜明的明暗对比，有助于质感的表现。硬光往往给人刚毅、富有生气的感觉。软光则没有明显的方向性，适于反映物体的形态和色彩，但不善于表现物体的质感，往往给人轻柔细腻之感。

4.3.4　光比

光比是指被摄体上亮部与暗部受光强弱的差别。光比大，被摄体上亮部与暗部之间的反差就大；反之，反差就小。

通常，主光和辅光的强弱及与被摄体的距离决定了光比的大小。所以，拍摄时调节光比的方式有以下两种：

(1) 调节主光与辅光的强度。加强主光强度或减弱辅光强度会使光比变大；反之，光比变小。

(2) 调节主灯、辅灯至被摄体的距离。缩小主灯与被摄体的距离或加大辅灯与被摄体的距离都会使光比变大；反之，光比变小。

4.3.5 光型

对被摄体而言，拍摄时所受到的照射光线往往不止一种，各种光线有着不同的作用和效果。光型是指各种光线在拍摄时对被摄体起的作用。光型通常分为主光、辅光、轮廓光、装饰光和背景光等五种。

1. 主光

主光是被摄体的主要照明光线，它对物体的形态、轮廓和质感的表现起主导作用。拍摄时，一旦确定了主光，则画面的基础照明及基调就得以确定。需要注意的是，对一个被摄体来说，主光只能有一个，若同时将几个光源作主光，被摄体要么受光均等，分不出什么是主光，画面显得平淡；要么几个主光同时在被摄体上产生阴影，画面显得杂乱无章。

2. 辅光

辅光的主要作用是提高主光所产生阴影部位的亮度，使阴暗部位也呈现出一定的质感和层次，同时减小影像反差。在辅光的运用上，有一点应明确，辅光的强度应小于主光的强度，否则就会造成喧宾夺主的效果，并且容易在被摄体上出现明显的辅光投影，即“夹光”现象。

3. 轮廓光

轮廓光是用来勾画被摄体轮廓的光线。轮廓光赋予被摄体立体感和空间感。逆光和侧逆光常用作轮廓光，轮廓光的强度往往高于主光的强度。深暗的背景有助于轮廓光的突出。

4. 装饰光

装饰光主要用来对被摄体局部进行装饰或显示被摄体细部的层次。装饰光多为窄光，人像摄影中的眼神光、发光以及商品摄影中首饰品的耀斑等都是典型的装饰光。

5. 背景光

背景光是照射背景的光线，主要作用是衬托被摄体、渲染环境和气氛。自然光和人造光都可用作背景光，背景光的用光一般宽而软，并且均匀，在背景光的运用上，特别要注意不要破坏整个画面的影调协调和主体造型。

4.3.6 光色

光色指光的“颜色”，通常也称为色温。对黑白摄影来说，光色并不十分重要。但在彩色摄影中，光色就显得非常重要了，拍摄时必须选择色温同胶片平衡色温相一致的照明光源，否则拍摄出来的影像会出现偏色。

4.4 影调和质感

4.4.1 影调

影调来源于音乐中的术语，是因为摄影这种利用光影变化而构成的画面更具有一种音乐般视觉上的节奏与韵律。影调不仅仅限于黑白摄影，彩色照片也可以用影调来描述。

对摄影作品而言的"影调"，又称为照片的基调或调子，指画面的明暗层次、虚实对比和色彩的色相明暗等之间的关系。通过这些关系，使欣赏者感到光的流动与变化。

摄影画面中的线条、形状、色彩等元素是由影调来体现的，如线条是画面上不同影调的分界。

自然界所有的颜色(即固有色)有三个主要特征：色彩的色调、饱和度和明度。但对于黑白照片而言，多种可见色反映在黑白照片上，只形成黑白灰三个色阶，其间的差别只在亮度上，这样自然界千变万化的色彩便失去了两个最重要的特征——色彩的色相和饱和度，只保留了明度(亮度)。不同亮度的景物变化为相对应的黑白灰色阶所形成的明暗层次。因为不具备色彩的特征，因此黑白摄影中的基调称为"影调"，以能表现出五彩缤纷的色调为特征(图 4-22)。

图 4-22 《黑白风景》(Moises Levy 摄)

景物的明暗关系表现在影像上的明暗层次，是构成影像的基本因素，是造型处理、画面构图、烘托气氛、表达情感的重要表现手段。

影调是黑白摄影的造型手段和技术概念，是指在照片，负片或透明片上能够区别于较亮或较暗部分的任何均匀密度区。在极端情况下，一张照片可能只有两种影调，即黑和白，其间没有任何深浅不同的灰色。然而，大多数情况是影像具有大量介于黑白之间的中间影调。影调中的黑与白是相辅相成的。从黑白摄影来看，影调的主调可以分为三类：高调、低调、中间调(灰色调)。不同的影调有其不同的感情色彩，影调只有与具体的形象、物象相结合，才能赋予作品以鲜明、生动的感染力。

1. 高调

高调给人以光明、纯洁、轻松、明快的感觉，比较适合于表现妇女、儿童的形象。风光照片中的恬静，商品摄影中的素雅洁净，高调摄影一般采用较为柔和、均匀、明亮的顺光。有时会觉得它空虚、肃穆、素淡、哀怨，有时又会觉得如同轻音乐、抒情诗一般，根据内容的不同，传达给人们的感情色彩也会不同(图 4-23，图 4-24)。

图 4-23 *Lumen* (Akos Major 摄)

图 4-24 《朦美》(Zoltan Koi 摄)

2. 低调

低调的作品有时让人感到坚毅、稳定、沉着、充满动力，有时又会觉得黑暗、沉重、阴森(图 4-25)。低调表现的感情色彩比高调更强烈、深沉。它伴随着作品主题内容的变化，显示着各自不同的面目。低调作品通常采用侧光和逆光，使物体和人像产生大量的阴影及少量的受光面，有明显的体积感、重量感和反差效应。在人物表现中通常用于老人以及威信很高的长者，当然也可以表现性格深沉的年青人等。表现的被摄体有雕塑群、纪念碑、古建筑中的庙宇等。

图 4-25 《静物》(Moises Levy 摄)

3. 灰色调(中间调)

灰色调有其独特的魅力。基调的性格特征不很明显，但画面层次丰富、细腻，往往随着画面的形象、动势、色彩、光线的不同而呈现不同的感情色彩(图 4-26)。它讲究用光，一般为多光源综合配置。用灰色调来表现大自然的景观是很理想的。灰色调善于表现模糊物体的轮廓，造成柔和、恬静、素雅的秀美，又有表现雨、雾、云、烟的专长。

4. 高反差调

高反差调主要是保留黑白两极影调，削减、合并中间层次，以强烈的明暗反差来构成画面的形式，给人以视觉上的刺激感。高反差调大多表现为强调作品的思想内涵和感情气势，在拍摄布光中以单纯的逆光、侧逆光为佳。

图 4-26 《风景》(Moises Levy 摄)

以上各种影调并不限用于黑白摄影。彩色照片也可以用高调或低调来描述。只不过通常我们常用色调和色泽来表达不同的色彩强度，而构成影调范围的灰色本身也是色感的组成部分。色调主要取决于照射在被摄体上的光的强度和角度。

摄影画面由于影调的亮暗和反差的不同，分别以亮暗分为亮调、暗调和中间调；以反差分为硬调、软调和中间调等多种形式。在影片中，这些影调与剧情内容紧密结合，可以形成一个影调的总倾向，那就是基调。

影调是物体结构、色彩、光线效果的客观再现，也是摄影师创作意图、表现手段运用的结果，光线构成、拍摄角度、取景范围的选择，都直接影响影调的构成。

在电影拍摄中，影调的形成与各个造型部门之间有着密切的关系，它是根据影片的题材、类型、情节、片段、人物、美学倾向等综合要求来决定的，并考虑到画面运动时影调的细微变化，以及镜头之间衔接时的色彩、影调和节奏关系。

4.4.2 影调的控制和处理

摄影作品的影调主要有以下几种分类：从明暗关系上分为高调、低调和中间调；从色彩关系上分为冷调和暖调；从影像的层次反差上分为柔调和硬调。

1. 影调的控制

(1) 明暗影调控制

可以通过曝光和侧光的不同来表现高调、中间调和暗调。如果利用曝光控制明暗表现，建议熟练使用 M 挡。如果利用侧光来表现明暗影调，可以多尝试下点侧光，用亮部测光，表现暗调；用暗部测光，表现高调。

(2) 彩色影调控制

如注重前期影调表现，在表现彩色影调时，可以通过控制色温、白平衡、饱和度来实现。色温的控制需要经验，操作烦琐，但可控能力强，饱和度的高低控制相对简单。

(3) 通过镜头控制影调

不同的镜头，影调的表现力也不同，但对影调的影响不大。通过镜头控制影调，一般需要加入各种滤镜，具体如下：

前期明暗影调控制：渐变滤镜、灰镜、减光镜等；

前期软硬影调控制：偏振镜、柔光镜等；

前期彩色影调控制：色温镜、天光镜、各种颜色的滤镜和滤色片等。

(4)“光”控制影调

光的要素有：光度、光位、光质、光型、光比和光色。光度、光位、光质、光型、光比主要决定着单色影像的影调。光色主要决定着影像的色调。光色对黑白摄影也有一定的影响，彩色影像的影调中，光度、光位、光质、光型、光比同样有着十分重要的作用。

4.4.3 影调的运用

1. 高调画面

高调是以大面积的白色或浅色影像与小面积的深色影像相对比而形成的画面。一般情况下，画面中深色和暗部是作品的主体或重点，白色和浅色部分是画面的衬底或次要部分。高调画面给人一种轻快、纯洁、淡雅、明亮的感觉，适合表现儿童、少女以及卫生、科教类的题材。

拍摄高调作品时，背景应选择白色或浅色做底色，且在布光时加大背影光的强度，以增强与被摄主体的明暗反差。拍摄人物肖像类作品时，被摄人物服饰也应选择白色或浅色的衣物为主，以保证画面中黑色和暗部是作品中的画龙点睛部分。

用数码单反相机拍摄高调画面，在测光时应当选择暗部主体为测定点，且可加大半级曝光量，以保证画面更明亮些。用光时应以顺光为主，尽量减小被摄物体的明暗反差和不良的阴影，使画面主体层次更丰富。

2. 低调画面与伦勃朗用光法

低调是以大面积的深暗影像与小面积的浅色影像相对比而形成的画面(图 4-27)。画面中浅色和明亮的部分是作品的重点和中心，黑暗部分面积虽大但一般只是作为画面的背景或衬底，起交代环境和渲染气氛的作用。

图 4-27 《凋谢玫瑰》(Billy Kidd 摄)

拍摄低调人物肖像作品时，应选择黑色或暗色背景布，或将被摄者安置在明暗反差较大的明亮处，人物服饰也应以暗色为主。用数码相机拍摄时，测光要以明亮处为参考点，并适当减小半级曝光量，以保证背景能暗下去。

低调画面适宜表现内容沉重、庄严、忧郁、恐怖和神秘类的题材作品，如表现老人、成年男性、反面人物时常被使用，也多被用于较暗的室内或夜晚拍摄。低调画面可将拍摄现场中杂乱的背景和与表现主题无关的器物隐藏在黑暗中，使主体处在明亮处，更显突出。布光时多采用逆光、侧光或柔和的局部散射光，这种方式在西方绘画中，尤其是画室内人物和静物一类题材时常被使用，著名油画大师伦勃朗将此运用得最为出色，因而这种用光方法又被称为伦勃朗用光法。

3. 最常使用的中间调

中间调的画面是指影调明暗反差正常，影像层次丰富，画面中黑、白两部分比例均衡的作品（图 4-28）。中间调画面对表现被摄物体的立体感、质感和色彩都是非常适宜的，在布光和用光时宜采用多种方向的组合光照明，以避免光比过强，反差过大，但如果光线过于平淡也对中间调的形成不利。

图 4-28 《广而告之》(Jaee 摄)

中间调的图片适于表现的内容和题材比较宽泛，易给观者真实、亲切的感觉。用数码单反相机拍摄中间调的照片，测光可按平均亮度测定，曝光应力求准确，尽可能利用好感光器件的宽容度，让更多的层次能通过影像表现出来。

由于中间调容易产生影调平淡的感觉，为了避免这一缺点，拍摄中可考虑在构图方面下功夫，以增强画面的视觉冲击力和感染力。

4. 冷调与暖调

用数码单反相机拍摄彩色照片时，会受色彩构成的影响形成以冷色调或暖色调为主的画面，分别可称为冷调照片和暖调照片。冷色是指以青、蓝色为主调的画面，会使人联想到冰、水、雪等寒冷的天气或物体。暖色是以红、橙、黄等色为主的画面，会使人联想到阳光、火焰等炽热的天气或物体。冷色与暖色的形成除与物体固有色有关外，还受环境色的影响，在数码影像拍摄中，更受光线色温的影响，如日出或日落时分，拍出的影调肯定偏暖；而在阴天或雨雾天拍摄的影像就会偏冷。

在同一画面中，无论是单独用冷调或是用暖调表现，都会使色彩产生和谐的感觉。如果在同一画面中同时出现冷、暖两色强烈对比的局面，虽然会使人感觉色彩不太和谐，但如果运用得巧妙，有时也会产生另外一种独特的意境，还能表现更深刻的主题。

如果用数码单反相机拍摄黑白照片，或在后期电脑调整时将彩色画面转换成黑白影像时，同样要注意，由多层彩色层合成的黑白影像也会因微小的色彩失衡而产生偏色现象，偏色的结果会使黑白影像产生偏暖或偏冷的色调。

改变或强化色彩冷暖调的方法有以下几种：

（1）使用不同色温的光源；

（2）拍摄中加用不同色温的滤色镜；

（3）巧用相机内白平衡设置，如拍晚霞，将白平衡设在日光或阴天挡上，使橙红色增强；

（4）后期电脑调整时改变色彩平衡，强化主观设想效果。

5. 柔调与硬调

柔调是指影像层次丰富、反差较小、画面柔和的摄影作品。柔调影像在拍摄用光时多采用光线柔和的散射光，光比较小，光的方向性和强度也不宜太强。在室外自然光条件下，以在阴天或假阴天时拍摄为宜。在室内使用人工光照明拍摄时，应以柔和均匀的顺光为主，使用柔光箱或反光伞最为理想。柔调影像适于表现细腻画面、偏重抒发情感的摄影作品，如静谧的风光、素雅的花卉，以及年轻美丽的少女及儿童类人物肖像作品。

柔化影像方法有以下几种：

（1）拍摄时选用柔光镜头；

（2）在镜头前加用一片柔光镜或纱网；

（3）天气较凉时在镜头上哈口气，然后马上拍摄；

（4）用电脑调整时做柔化处理。

硬调则与柔调相反，用光追求反差大、光线强，方向也多采用侧光或侧逆光，使拍摄出来的影像黑白对比明显，如同木刻画一般。硬调适合表现性格刚毅、果断的情感或具有明显线条及色块元素的内容画面，如高大的现代建筑、工业厂房及大型设备等题材；如拍摄人物，则适合表视历尽沧桑的老人或气势阳刚的男子汉形象。

如果拍摄的是现代建筑局部，为了强调建筑的构成关系，可以使用超远长焦拍摄，目的在于压缩空间感。这种题材使用硬光较为理想，可以使线条和质感得到强化。

6. 影调透视

空气并不是完全纯净的，它含有雾气、蒸气、灰尘等。因此，近距离的景物影调深、轮廓清晰、反差大；远距离的景物影调明亮、轮廓模糊、反差小。这种近清晰、远模糊的空气透视现象，给拍摄的画面提供了深度空间感（图 4-29）。

可以利用获得不同影调效果的方法如下：第一，选用不同方向的光线。光线方向决定着影调透视效果。顺光时，前后景受到同样光线照射，亮度相同，减弱了透视效果。相反，逆光可加强影调透视，使画面层次丰富。这时远景被光线照亮、影调浅，前景得不到光线照射、影调深，从而分清了前后景距离。同时，逆光下景物边缘形成一圈明亮的轮廓光效果，成为表达景物轮廓形态、区别景物界限的有效手段。第二，选择不同天气。晴朗的天气，空气透视度好，拍出的画面清晰，不过可能拍不出耐看的效果；有雾的天气透视度有限，拍出的画面清晰度差，然而利用云雾能使景物的影调产生远淡近浓的透视效果。此外，空气透视度好宜拍摄大场景及远景，空气透视度差则拍小景或近景。第三，适当的前景和影子。树木、篱笆、岩石等都可用来增添前景趣味，使画面具有深度感，但需与整个画面有关。选择深色前景，会加强透视效果。使用标准或短焦镜头往往前景太突出，后景又太小，必须选用焦距适当的镜头。第四，控制景深。开大光圈能使清晰的景物衬托于模糊背景前，前后景物被区分开来，空间透视感增强。第五，使用滤镜。彩色摄影用偏振镜可减少甚至消除反光，黑白摄影用蓝滤镜加强透视感，红橙黄绿等滤镜则减弱透视效果。

图 4-29　影调透视

除上述方法外，还应注重合理的空间布局，利用景物中的前景、近景、中景、远景构成多景层；利用景物色彩的明暗、浓淡变化突出景物的空间。总之，选择适当的季节、气候，调动角度、光线、线条、影调等手段，强调立体感、空间感和环境气氛，真实而艺术地表现壮观场景和美好景色。

4.4.4　画面质感的表现

质感又称为“质地”或“肌理”，是指各种物体表面的纹理、构造组织的不同属性，以及它通过人们的视觉、味觉、嗅觉、听觉、触觉等感受器官所产生的经验性感受。当人们闭上眼睛抚摸几种熟悉的物体时，很快会鉴别出它们是纸板、木板、布等不同的质地，这完全凭的是触觉对这些物体质感的经验。在视觉领域则被解释为依靠人们的视觉经验而产生的心理感觉（图 4-30，图 4-31）。

图 4-30　《旋梯》（Moises Levy 摄）

图 4-31　《犀牛》（Moises Levy 摄）

质感被广泛地运用于造型艺术领域中，它是艺术家对不同物体运用不同手法所表现出真实感的重要符号。同时，视觉经验亦可能赋予它审美的特性，粗纺呢绒有和谐朴实的美，合金金属的科技感体现着速度的美，玻璃及半透明材质的绮丽变化表现出梦幻的美，白色陶瓷的洁净之美，天然木材具有温馨的美，这些都是不同质感物体带给人们的感受。对摄影者来说，通过认识周围事物的质感，利用光线，运用摄影造型手段和技术条件，抓住物体各自的质地特点，把握其最鲜明、最有代表性的形象特征，最充分地表现物体表面的质地特征，突出那些有助于产生趣味的因素，作品才可能生动、鲜活。

一般情况下，按照不同的质感，物体可分为高反光物体、低感光物体、中度反光物体、毛发和发光体五类。高反光物体一般表面光滑、质地细密，对光线的反射最为直接和强烈，如镜子、金属；同时也包含一些透明的材质，如玻璃、水，这些物体会给人一种轻快、活泼、冰冷的感觉。低反光物体的特点是质地较粗，光在表面产生漫反射，形成均匀柔和的光线，如纸张、泥土、布料会给人质朴、含蓄、柔和的感觉。中度反光物体表面比较光滑，反光程度介于高反光和低反光之间，如塑料盒油、漆过的木材带来厚重、稳重的感受，这一类物体给人以柔和、温馨、生动之美。发光体是指本身能产生光的特殊物体，如太阳、灯泡、火焰等给人温暖、热烈的感觉。

质感在表现物体中具有以下作用。

首先，质感可以强调物体的距离。比如不同质地地的物体，其特征被清晰描绘出来后，它们之间的空间感就因其特征而被强化（图 4-32）。

图 4-32 《发舞》（Marc Laroche 摄）

其次，质感可以丰富物体的特征。不同的物体质感会呈现物体形态不同的特征，因此我们在艺术创作中常利用质感这一作用表现物体的特征。通常将两种不同质感物体放在一起进行比较，突出各自的质感，比如将一个光滑、圆润的鸡蛋放在粗糙的麻布袋前进行对比。

再次，质感也可以帮助人们识别物体的作用与用途。比如一些工具或电器的操作部位或开关部位会相对不那么光滑，那是在提示人们该部位是可以用手接触的。

最后，质感还能增强物体的造型与特征，它为现实主义的表现起到了很好的作用，也是使用于许多摄影领域中的一种判别特征。摄影史上许多著名的摄影家，如爱德华·韦斯顿、沃克·埃文斯都曾以表现物体质感为摄影的主要表现手法。他们充分关注事物的质感，追求最清晰、最细腻的影纹效果，通过集中精神观察事物的表面质感与形态来触及物质生命的核心。这种对于质感表现的追求使摄影进一步远离绘画，进而找到自身的特质，产生了革命性的影响（图 4-33）。

图 4-33 《燃烧的火柴》(Пол Терге́йст 摄)

光线在表现物体质感方面起着极其重要的作用,光的特性与方向能改变质感的外观,粗糙的材质依靠强烈的斜射光可以增强物体的质感,顺光则可能获得相反的结果。不同的光线可以表现不同物体的质感,柔和的光线可以表现皮肤柔软细腻的质感,斜射的光线有利于表现地面或海面的质感,等等(图 4-34)。

对于表现表面光滑的物体,如柔软的绸缎、平滑的漆器玉器、金属制品、皮革等,对投射光线呈混合反射的特点,它们既有向各个方向的反射,也有成一定方向的单向发射,在它们表面会形成一定的高光或闪光部分,因此在拍摄这类物体时,应该选择平光照明或柔和的正侧光照明,提高被摄体的整体亮度水平,减少被摄体本身在亮度分配上的差别。

图 4-34 《桌上的郁金香》(Anna Nemoy 摄)

拍摄粗糙表面的物体,如粒状的沙土墙、麻袋、树皮、麻布、皮毛等,它们的反光率不高,其表面亮度分布比较均匀。如果仍采用直射光或散射光照明,画面上的被摄体就会显得平板,缺少粗糙物体表面凹凸起伏变化的质感,而选用直射光与侧逆光照明,就会有凹凸形态的明暗变化,产生立体感和质感。

拍摄玻璃制品类对透射光呈镜面反射的物体,在它们的反射角度上能直接看到投射光源,形成一块耀眼的光斑,造成很大的反差,甚至这种敏感差距会超出底片的宽容度范围。因此,应该选择柔和的逆光或者散射光照明,以提高普遍亮度,减弱高光的耀斑,缩小被摄体上的亮暗差别。背景的亮度要以能突出主体为宜,还要让未被直接照明的镜面由周围的反光照明,便可获得质感很强的造型效果。

摄影造型中质感表现的好坏,直接影响到摄影作品的感染力。除了光线处理外,无论是粗糙表面结构的物体、光滑表面结构的物体、透明的物体还是镜面的物体，背景的运用也很重要，背景在影调、色调方面与主体的对比，背景中的物象的表面质感与主体质感的对比，对主体质感的表现也很重要。此外，掌握准确的曝光等技术条件，以及选用最佳镜头的最佳成像光圈、最佳成像焦距等也是保证真实还原物体质感的重要方面。

4.5 光线对画面色彩的影响

4.5.1 色彩影响观者的情感

当我们看到不同的颜色时，心理会受到不同颜色的影响而发生变化。色彩本身是没有灵魂的，这只是一种物理现象。一切事物所呈现的颜色，本来都是客观存在的，是自然现象。但是在许多情况下，它不仅能使人们在生理和心理上受其影响，而且还能激发人们一定的情绪和感情，即不同的色彩会给人以不同的感受和联想。人们把这种对色彩感觉所引起的情感变化和对客观事物的种种联想，称为“色彩的感情”。人们对色彩的反应，以及由此唤起的各种感情的缘由极其复杂，但是基本上可以从生理、心理及文化等方面来探讨。可以说，色彩的感情不是主观臆断的产物，而是人们在长期的生产实践和社会实践中形成的，与人们丰富的生活经验有着密切的联系。在漫长的生活过程中，人们在感性经验的基础上，逐步给不同的颜色赋予抽象的意义，即所谓色彩的象征性。

不同的色彩，能使人产生不同的官能感觉。比如以红橙黄为代表的暖色调，使人感到热烈、兴奋；以蓝青为代表的冷色调，使人感到优雅、宁静。又如明快的色彩使人感到清新、愉快，灰暗的色彩使人感到忧郁、沉闷。所以有的色彩会使人感到刺眼，有的会使人觉得悦目、淡雅、浓艳。又如不同色彩的组合，有的会使人感到和谐，有的则失调、杂乱、跳动，这些官能感觉纯属生理反应，而且人们对于不同色彩所产生的生理反应基本是相同的。

生理上的反应，必然带来心理上的影响。凡是刺眼、杂乱的色彩，都会使人感到不安和难受，凡是悦目、协调的色彩，都会使人感到平静和舒服。但是，单纯的色彩除了给人以生理反应和心理影响外，并不能引起感情上的共鸣。只有当某种色彩与具体的形象、物体和环境联系在一起时，即将事物的某些品质注入到色彩之中时，它才能让人们有所联想和感觉。例如，单纯的红色使人联想起火、太阳，这样红色便使人有了温暖、热烈的感觉。这种属于心理的反应是长期经验积累而形成的某些定式，但并非是主观的感受。它只能对人们的官能感觉发生作用，引起生理和心理上的反应，而不可能产生任何情绪和感情。但是，如果是一个大红灯笼或一面红旗，情况就不同了，它不仅仅令人产生官能美感，在心理上感到愉悦，而且会发展成为感情上的喜爱。所以我们在拍摄彩色照片时，既要研究和了解人对颜色的生理反应和心理反应，更要探索和掌握生活中一切物体的颜色与人的情绪、感情的联系。

4.5.2 色彩的情感

人类对于颜色的反应是一瞬间的，对于不同颜色的反应能测试一个人的人格。照片上的色调反映着作者拍摄目的的同时也影响着观者阅读照片的感受。

1. 暖色调

暖色调使用红色、橙色、黄色、赭色等色彩的搭配。这种色调的运用，可使作品呈现温馨、和煦、热情的氛围（图 4-35）。

2. 冷色调

冷色调使用蓝色、绿色、紫色等色彩的搭配。这种色调的运用，可使作品呈现宁静、清凉、高雅的氛围（图 4-36）。

图 4-35 《东方明珠》（Jaee 摄）

图 4-36 《城市》（Jaee 摄）

3. 对比色调

对比色调，即把色相相对或者相反的的色彩搭配在同一个空间里。例如，红与绿、黄与紫、橙与蓝等。这种色彩的搭配，可以产生强烈的视觉效果，给人亮丽、鲜艳、喜庆的感觉。当然，对比色调如果用得不好，会适得其反，产生俗气、刺眼的不良效果。这就要把握“大调和，小对比”这一个重要原则，即总体的色调应该是统一和谐的，局部的地方可以有一些小的强烈对比。

4.5.3 色彩的象征

1. 红色

红色是最能体现个性的颜色。它令人振奋，就像兴奋剂，剂量越大，提供的能量越大。人们会马上把注意力集中到一个红色的元素。

2. 粉色

亮粉色代表着年轻、有趣，它令人兴奋，充满活力的粉色看上去和红色一样，让人觉得能量充沛，同时粉色饱含感性和热情，但又不是非常激进(图 4-37)。这种由热情四射的红色与纯洁无瑕的白色结合而成的颜色浪漫温馨，尤如年轻女子的脸颊，所以，许多女孩子都很乐意收到一束粉红色的花。粉色也是代表着幸福与性感的颜色。对于那些经常加班劳累负担过重的女人来说，粉色总令她们想到那无忧无虑的天真童年。

图 4-37 《国家地理》摄影作品

3. 黑色

黑色代表权威与力量，因为黑色引起的强烈情感会压倒一切。黑色服装颜色使穿着的人显瘦，并且看上去更琢磨不透。

4. 白色

白色是纯洁、洁净或者中立的含义。医生穿着白大褂，新娘的婚纱是白色的，围绕着白色栅栏的家庭看上去安全、快乐。

5. 蓝色

蓝色是非常受欢迎的颜色，代表承诺，可靠、可信。蓝色是天空与大海的颜色，在人们的生命中，蓝色有着延续的意味。作为代表集体精神的颜色，注视着蓝色可使人体产生化学物质，使人平静。不过也不是所有的蓝色都意味着平静和沉稳。

亮色的蓝充满戏剧性和活力，这种引人入胜的颜色使人兴奋；暗蓝色透露着寒意与冷漠；更深的靛蓝，象征着无穷的智慧、自我控制和精神实现。与人交流时，身着靛蓝色的人会给人一种有内涵、敏锐洞察力的感觉。蓝色没有明显的性别倾向。

6. 紫色

紫色平衡了刺激性的红色与平静的蓝色。除非有很清晰的特点，否则可能导致动乱不安。紫色具有神秘感与皇家气质，那些有创意的和有怪癖的人特别喜爱紫色，也有许多少女喜欢这种颜色。

7. 灰色

灰色是永恒、实用、坚固的颜色。灰色可以搭配任何颜色，故可适合用于服装。尽管人们经常穿着灰色，但似乎没有人把灰色作为最喜欢的颜色。因为灰色同时也有失落和抑郁的味道。

8. 绿色

在人的视觉光谱中，绿色比其他颜色更易被识别，受欢迎程度也仅次于蓝色。绿色代表着大自然，由于我们的眼睛已经习惯看到这种颜色，它同时也是一种理想的室内设计颜色。

自然界的绿色，看上去宁静清新，作为一个凉爽与温暖的平衡色（蓝与黄），绿色象征着和平、自然生态。然而它也有另一种意味：消极、病态。

思考与练习

1. 为什么说摄影是“光影的艺术”，在摄影中光的造型作用体现在哪些方面？

2. 利用自然光在一天中不同的三个时间段（如早晨、正午、傍晚等）拍摄同一景物，然后对比、分析他们的光影变化，并说说光影对摄影作品主题的影响。

3. 用不同的影调拍摄人像，要注意用影调的特点来突出拍摄人物的性格和特征。

第5章 画面及构图

5.1 影像构图概述

5.1.1 构图的概念

构图一词是英文 composition 的译音，为造型艺术的术语，它的含义是：把各部分组成、结合、配置并加以整理出一幅艺术性较高的画面。所谓构图，就是艺术家利用视觉要素在画面上按着空间把它们组织起来的构成，是在形式美方面诉诸视觉的点、线、形态、用光、明暗、色彩的配合。

构图是表现作品内容的重要因素，是作品中全部摄影视觉艺术语言的组织方式，它使内容所构成的一定内部结构得到恰当的表现，只有内部结构和外部结构得到和谐统一，才能产生完美的构图。

5.1.2 构图的目的

构图的目的是把构思中典型化了的人或景物加以强调、突出，从而舍弃那些一般的、表面的、烦琐的、次要的东西，并恰当地安排陪体，选择环境，使作品比现实生活更高、更强烈、更完善、更集中、更典型、更理想，以增强艺术效果。总的来说，就是把一个人的思想情感传递给别人的艺术，这句话真切地表达了构图的目的。

构图和设计可以通用，因为它们的含义是一样的。设计的精确概念以及它的原始含义是构思，即艺术家为了明确表达自己的思想而适当安排各种视觉要素的构思。

构图不仅指具体操作，而且还意味着把整个形态作为与复杂的摄影规则相联系而描绘的对象，把自然物象引入一个现实的境界，成为不同于自然的一个独立存在的世界。任何一幅优秀的摄影作品都是一个复杂的思想艺术的统一体。作品的复杂性是由生活的复杂性决定的。然而在画面处理上贴切自然，五彩缤纷，浑然天成，绝少斧凿痕迹，这又是什么缘故呢？原因就在于摄影者在创作时，经过一番选择提炼，筹划安排，在组织结构上下了功夫，在“经营位置、置阵布势”中体现了摄影者对生活的理解和匠心独运。因此，我们在创作中一定要进行一系列的组织安排，巧思结构，精心布局，突出主要的方面，强调本质的东西，并把作品的主题思想体现到鲜明的形象组织中去(图 5-1)。

图 5-1 《美国国家地理》摄影作品

画面构图如同写文章一样，要做到有章有法，有次有主，相互呼应，虚实对比，藏露隐现，简繁适中，疏密无间等构图规律，服从于主题表现的要求，同时又要取得整体形式感完美和谐的统一。

摄影者在学习摄影构图的过程中，首先要明确摄影构图的基本概念以及在拍摄过程中使用摄影构图的目的和作用。

简单地说，摄影构图就是把画面中各部分元素组成、结合、配置并加以整理，从而得到一幅艺术性较高的作品。摄影构图与绘画大致相同，都是为了表现作品的主题思想和美感效果，并在一定的空间内安排和处理人、物的关系和位置，把个别或局部的形象组成艺术的整体。

每个题材，不论它宏伟还是平淡，重大还是普通，都包含着视觉美感。在观察生活中的具体事物，比如人物、动物、花朵、树木等时，摄影者不能把眼光局限在事物的属性或者本身的特征上，而应该去发现除事物本身以外，其他具有美感的东西，比如形态、线条、质地、明暗、颜色等。通过运用各种造型手段，在画面上生动、鲜明地表现出被摄体的形状、色彩、质感、立体感、动感和空间关系，使之符合人们的视觉规律，并给人一种真实的美感。换句话说，构图要具有审美性。其实"美到处都有，对于我们的眼睛，不是缺少美，而是缺少发现美”。作为摄影者，要善于用眼睛去发现各种不同事物的美丽之处，并用自己手中的相机去对这种美加以表现。

5.2 构图的形态

5.2.1 封闭式构图和开放式构图

摄影构图观念中，有两种相对的方式是值得拍摄时借鉴的。这就是封闭式构图和开放式构图，也就是对画面框架的不同理解方式。

1. 封闭式构图的观念

匈牙利电影美学家巴拉慈解释传统美学对于画面框架的界定时认为有这样一个原则：“每一件艺术作品都由于其本身的完善结构而成为一个有它自己规律的小世界。艺术作品由于画面的边框，雕塑的台座或舞台的脚光而与周围的经验世界产生了隔阂。艺术作品本身的完整结构和特殊规律同时也赋予它内在的力量，使其能脱离广大的现实世界而独立存在。”如果摄影家也是以上面的框架的平面形式来再现现实世界，并习惯于这种完整的“小世界”时，这一画面的构成方式称为封闭式构图。

具体地解释“封闭”，就是用一定的界限把一些东西圈起来，不让它们与外界发生关系。当摄影师用框架去裁取生活中的形象，并运用空间角度、光线、镜头等手段重新组合框架内部的新秩序时，这种构图称为封闭式构图。这时的摄影师把框架看作一种外部世界和框内世界的界限，把框架之内看成是一个独立的天地，追求的是画面内部世界的界限，即画面内部的统一、完整、和谐、均衡等视觉效果。正如电影美学家 N·约费所说的：“边框标志着假定世界的界限，这个世界要求以不同于现实世界的态度来待它。”

封闭式构图的心理基础主要源于传统的构图观念。严谨美学心理支配下的摄影师要求画面有明确的内容中心和结构中心，有完整的形象元素，有指向明确的动作线、外围轮廓线和情节线，并运用黄金分割等经典的构图法则指导构图，把画面安排得井井有条，形成坚实稳定、章法井然的结构美。因此观赏者的联想和延伸也都在画面上提供的元素中进行，摄影师对观赏者的指导性也相对明确。

在封闭式构图画面里，主体的出现是完整的、内敛的，观众的目光完全集中于画面内部，同时由此产生的心理的感觉也将会被限定在画面内。画面中不会出现诸如半张脸、半扇窗之类的构图，即使在极小的景别条件下，也是如此。

2. 封闭式构图的适合范围

正因为封闭式构图的这一心理特征，其表现方式也就比较适合于更多地要求和谐、严谨等美感的抒情性风光、静物的拍摄题材，对于一些表达严肃、庄重、优美、平静、稳健等感情色彩的人物、生活场面时，用内向、严谨的、均衡的封闭式构图也是有利的。再从技术手段上看，一些采用120照相机甚至更大的座机拍摄的摄影师，由于受到大型照相机的制约，习惯上也可能更多地使用封闭式的构图方式，通过严谨的构成形式获得精美绝伦的画面(图5-2)。

图5-2 《岩洞》(David Clapp 摄)

封闭式构图是均衡的结构。各种结构成分适当、对等地分布在画面中，不会出现诸如画面一边满一边空，或者四周满、中间空等情况。这种均衡的格局给人以稳定、安详、和谐的感觉，也相应地脱离了和画面外界的关系。

3. 开放式构图的观念

与封闭式构图不同的心理基础所产生的另一种构图方式就是开放式构图。摄影师把画面的框架当作“窗口”，在打开窗口的一刹那把画面内外连成一个集体来思考，仿佛画面中和画面外的一切都在流动。这种开放式的构图方式在21世纪初就已经开始了萌芽状态，敏感的画家很快就接受了照相机观看事物这一独特方式，使绘画也开始摆脱几千年传统理论的束缚，进入了一种新的状态。

在这种开放的心理状态的支配下，摄影师在安排画面上的形象元素时，着重于向画面外部的冲击力，强调画面内外的联系。其表现形式主要有以下几方面：一是画面上的人物视线和行为的落点常常在画面之外，当观赏者在随着人物的视线或行为指向朝画面外延伸时，就会感到与画面外的某些事物有着呼应和联系。二是不讲究画面的均衡与严谨，不要求画面内的形象元素完成内容的表达，在出现一些形象元素后，有意排斥一些可能更能完整说明画面的其他元素，让观众在不满足之后将其思维导向更大的想象空间。三是不怕画面边缘形象的不完整，有意地在画面周围留下被切割的不完整形象，特别在近景、特写中进行大胆的不同常规的切角处理，被切掉的那一部分自然也就留下了悬念。四是显示出某种随意性，各种构成因素有一种散乱而漫不经心感觉，好像是回眸的偶然一瞥，而不是苦心营造的画面，强调现场的真实感。

开放式构图往往是不均衡的结构。它表现在主体常被放置于画面内的边角位置，经常出现类似大面积空间或者画面不对称的情形，或者通过场面调度的方法，使画面在均衡与不均衡之间变化，影响和诱导观众关注画外空间。

4. 开放式构图的适合范围

开放式构图以其瞬间的回眸一瞥展开的开放性与不完整，与传统的绘画构图形成了鲜明的对比，大大拓展了摄影表现生活特征的视觉领域，也为纪实摄影的创作奠定了一个真实性的基础(图5-3)。同时，开放式构图适应了观众的欣赏心理和审美趣味的变化。现代观众对摄影艺术要求“真”和“活”，把真实、自然和现场感提到首要地位来评价摄影作品，而对过分刻意求工的完善和精美失去了新鲜感。从接受美学的角度去分析，现代观众正由被动的接受型转化为主动的思考型，随着他们的视觉文化水平和联想能力的提高，他们每看到一个画面，会产生承上启下的联想和前后左右的情节流动感，看到不完整的形象会想象出它的整体。从这一意义上说，开放式构图既满足了观众的欣赏心理，也是对观众的创造力、想像力和参与能力的充分信任。

图 5-3 《国家地理》摄影作品

与封闭式构图方式相比，开放式构图适合于表现动作、情节、生活场景为主的题材内容，尤其在新闻摄影、纪实摄影中更能发挥其长处。同时，在拍摄中也应注意不要滥用开放式构图，以免使画面变得过于散乱，让观众摸不着头脑。

5.2.2 静态构图和动态构图

摄像机眼中的世界，是一个运动的世界，而我们要通过画面表现的，也正是这么一个真实的运动。在镜头语言里，这种运动是通过摄像机与被摄对象之间的动静变化以及画框边缘部分对景物的截取而产生的。因此就形成了不同的构图形式。构图形式服务于画面试图表现的主题内容，是各种视觉因素在画面中的布局形式，也是导演和摄像师阐述画面语言、把握全片风格的重要手段。

从镜头视角与被摄体的运动关系的角度，以及从画框对景物的取景关系角度，可以将电视画面构图分为静态构图、动态构图、综合构图、封闭式构图和开放性构图等。

1. 静态构图

静态构图是在固定的视点上拍摄静止的被摄对象和暂时处于静止状态的运动对象。构成静态构图的基本条件是镜头类型为固定镜头，也就是在同时满足机位不动、镜头焦距不变化、镜头光轴不变化的条件下拍摄的画面。而此时又由于景物处于相对静止状态，所以画面内的构图关系是相对固定的，画面基本组成情况是不发生变化的。这点与图片摄影和绘画有相似之处，但是它们之间还是有明显区分的，最大的不同就在于电视画面可以表现一种时间上的连续，而前二者则不能。另外，在电视画面中，所谓“静态构图”可能随时产生各种形式的运动，形成非静态构图结构(图5-4)。

在静态构图中，被摄主体的位置基本不发生变化，画面景别、透视关系、造型因素不发生变化。画面构图组合形式基本不变，而且多为单构图形式。这种构图组合是动、静两种势力暂时的均衡，而不是真正的静止。它能在相对运动的前后画面中给人宁静、稳定的感觉，同时又是一种视觉铺垫和参照。

静态构图的作用有以下几点：

（1）展现静止、无运动的拍摄对象的性质、形状、体积、规模、空间位置和与其他对象之间的关系。

（2）展现人物或者其他运动的拍摄对象处于静止状态时候的神态、心态、情绪。

（3）稳定的画面形态，从视觉到心理上都给观众一种强调的意味，而其本身更是具有一定的象征性与写意性。

（4）以画面的静态构图形式结束对前面若干镜头的运动表现，有结束的意味，也可为后面的镜头在视觉上做铺垫。

图 5-4 《静物》(Anna Nemoy 摄)

（5）表示观众固定的观察视角。

静态构图在电视画面中的处理和运用，需要注意以下一些方面：

（1）全片静态画面构图中要表现出内容、形式、风格的统一，使全片的场景风格整体上能够做到的处理对影片叙事与写意有很大帮助。

（2）主要表现对象行为动作，表现形式是静态的，其情境含义也是通过静止状态表现的，静态构图运用可达到形式与内容的统一；行为动作形式是静态的，但内在思绪、情绪变化都是复杂的、激烈的，而采取简单静态表现形式，将使内容不受干扰地表现出来。

（3）对景物的静态构图，要注意景物与空间的造型关系，要有背景衬托。构图的时候可以处理为客观景物的直接展示，也可以处理得将画面美化，赋予一定的情感，产生一定的象征意义。

（4）对人物的静态构图，要赋予装饰性，利用人物在画面中的位置、朝向、角度、姿态、光线等元素，在构图中反映出人物的心态、情态、神态。

（5）充分考虑视觉心理需要，安排好光线、色彩，控制好镜头的时间长度，以免让观众视线分散和视觉呆板，同时也要防止由于构图本身的作用，使连贯的静态构图有拼贴图案的视觉感观。

2. 动态构图

动态构图中，画面的形式元素和结构成分发生了变化。并非需要画面中所有的成分发生变化，只要被摄对象和摄像机位置，或者镜头的焦距以及光轴这些因素同时或者分别发生运动，在这个过程中拍摄得到的画面，视觉形象、结构元素、元素间相互关系就将发生改变，称此时得到的是一种动态构图形式（图 5-5）。

图 5-5 《纽约》(Jan Meissner 摄)

动态构图是一个广义的概念,不能笼统地说动态构图就是运动镜头,它包括了运动镜头在内的画面内部和外部运动变化综合结果的体现。

以下几种情况可以得到动态构图画面:

(1) 拍摄固定画面,但被摄对象发生运动。固定画面中,画框不发生运动和改变,但此时画面内的对象发生内部运动。虽然这时候还是一个固定画面形式,但是却表现为一个动态构图。比如在转播体育比赛短跑项目的时候,将机位设置在运动员正前方,拍摄他们向镜头跑来的场面,表现他们之间的竞争关系的画面。在这样的构图中,环境不变,随着主体的运动,拍摄距离发生变化,因此景别相应发生变化,有利于更好地表现人物或者人物与环境之间的关系。

(2) 在被摄对象静止的情况下拍摄运动画面。静止的被摄对象包括静止的人物、风景和静物等。拍摄时,利用摄像机的运动、镜头焦距的改变或者光轴的转动,拍摄推、拉、摇、移、升、降等运动镜头。这样在运动中实现构图,主体的位置、尺寸、与环境的关系,甚至透视效果、照明状况、影调关系都可能相应地发生变化,产生新的组合。画面在同一个镜头中产生了变化的多量的视觉中心,丰富了构图样式,也适合多方位地表现一些比较复杂对象的状况,给画面赋予了极强的生命力。

(3) 在拍摄运动镜头的同时,被摄对象也发生了一定的运动。这时,画面空间关系是变化的,而画面内的被摄对象与画框之间的关系可能是变化的,也可能是不变的。一切构图元素的组织、安排及运动的节奏规律,将决定于要表现的对象的实际运动形态的要求和表现形式的要求。

动态构图的造型特点和作用,主要体现在以下几点:

（1）表现对象的运动过程，体现电视画面“表现运动”的特点。

（2）丰富画面，产生不同的构图结构。动态构图一般为多构图形式，由于主体及摄像机的运动，产生了方向、方位的纵深调度关系，焦点虚实的更迭，前后景的变化，人物关系的变化，造型元素多少的变化，角度景别的变化等。这样的构图形式可以不经过镜头间的组接，而是通过一个镜头内的内部蒙太奇造型形式交代多个含义，传达多种信息。

（3）动态构图通常会影响视线的集中与对视线的限制，它所产生的画面的内在节奏和心理感觉节奏，可以直接影响前后画面的造型连贯性。

（4）在动态构图的画面里，画面的结构成分可能不是一成不变而是发生变化的。例如，随着摄像机和被摄对象的运动，画面构图结构的改变，画面中的主体、陪体以及环境因素之间的关系可能产生相互的变化和替代。

（5）动态运动的速度，直接影响画面节奏和人物情绪的表现。

动态构图在电视画面中的处理和运用，需要注意以下一些方面：

（1）在通过运动机位或者镜头而得到的动态构图画面内，要以运动的起幅和落幅作为构图重点，运动过程中也许不可能做到每个时刻都在构图中符合章法。除特殊需要外，摄像机应做到平、准、稳、匀，即起幅落幅平稳，中间流畅，画面切忌颤抖和摇晃，速度不能忽快忽慢，更不能在拍摄时来回重复运动，如在同一个镜头内进行反复的推拉或者从左到右，再从右到左的横摇。

（2）动态构图中要始终抓住构图主体（而这个主体是可能产生变化的主体），掌握速度和节奏。速度的快慢影响节奏，进而影响观众的情绪，产生不同的心理效果。但是速度和节奏不一定成正比。

（3）动态构图中要强调三种变化：景别变化、方向变化和角度变化。其中角度变化包括客观角度的变化和主观角度的变化。

（4）动态构图对被摄体的最终表现，一般都不出现在画面最开始时，而是有一个渐进的过程，逐渐展开，视觉形象的形成是由少到多，从局部到整体，积累后最终产生的。

5.3 构图的基本规律

5.3.1 均衡

在大自然的景观中常常会发现有趣的结构和严谨的形体，它们使人联想到严肃和整齐。由于需要表现主题的严肃性、纪律性、严谨和稳定，特别是那些庄严神圣的内容，常采用对称与均衡的构图原则。

1. 对称与均衡的含义

画面中左右两边的形体，影调和色彩一样，两边的重量相等叫对称。对称好比我们熟悉的天平，使人有庄重严肃、安稳平静之感。画面中左右两边的形体，影调和色彩不相同、有变化，而两边的重量相等的叫均衡。均衡就好像我们熟悉的秤，均衡富有变化，生动活泼，引人入胜。（图 5-6）

图 5-6 《空间构成》(Jaee 摄)

2. 非对称的均衡

通过重量或力量均衡可以保持均衡，如果不相等就产生了非对称的均衡。

从视觉上产生非对称的均衡，即重的靠近画面中心近，轻的靠近画面中心远。因此由于人们视觉刺激的强弱所形成的心理价位、心理定势，必然产生非对称均衡的差别。比如一根衬托着暗调背景的明亮羽毛，作为前景安排在靠近画面中心的位置，就容易产生压倒画面任何部位的一列满载铁矿石的火车。

3. 均衡的基本规律

均衡实质上是一个视觉艺术上的分量对比问题，它不仅涉及景物的配置，色彩的深浅浓淡，还涉及人物之间的关系及其运动方向等内在因素，其基本规律有如下几种：

（1）有生命力的景物重，无生命力的景物轻；近景重，远景轻；动的景物重，静的景物轻。

（2）深色影调比浅色影调重；高调照片中的黑色重；小面积的黑色比大面积的白色重。

（3）轮廓清晰的重，轮廓模糊的轻；引人注目位置的重，反之则轻。

（4）暖色重，冷色轻；纯度高的重，纯度低的轻。

5.3.2 对比

摄影构图的原理是：对比、节奏、优势、平衡和统一。对比是摄影者将各个分散的部分（视觉要素：形状、线条、明暗、质感和立体感）组成一幅完整画面所采用的方法。

对比是指有效地运用任何一种差异状态而产生的一种现象和效果。通过这种差异进行对比是摄影中最有效的手段之一，是一条基本的自然法则，是艺术构成的基础。

对比离不开变化，有了变化才能产生差异。摄影的艺术题材大多源于大自然，而自然界又总是处于不断变化之中。一张缺乏各种对比的照片是单调乏味的，要使摄影画面增色，就应当尽可能多的运用各种表现形式来强调对比，使一幅呆板的照片焕发光彩，产生意境并赋予更多的艺术魅力。

为取得对比的效果，可以将对比分成思想内容上的对比和形式上的对比。

1. 思想内容上的对比

思想内容上的对比是对比的效果侧重于思想内容，通过某些社会现象和历史事件来展示，如欢乐与悲痛的对比、先进与落后的对比、兴起与没落的对比、新旧社会的对比，等等。在形象和内容上突出矛盾的主要方面，注意矛盾双方的内在联系。

2. 形式上的对比

形式上的对比是由一定的艺术造型来体现的。包括形体对比、影调对比和色彩对比。

（1）形体对比是通过不同的形体放在一起产生差异而取得的一种对比效果。这种对比在摄影画面中能打破单调、平衡，让摄影者的意图更符合人们视觉特性和心理状态。形体对比的方法有动与静的对比、疏与密的对比、大与小的对比、竖与横的对比、直线与曲线的对比、虚与实的对比、仰与俯的对比。

（2）影调对比是处理摄影画面空间深度的一个重要因素，也是摄影造型的重要手段。包括整幅照片的影调对比，照片中物体之间的影调对比，画面的明暗对比。照片中强光部分与阴影部分的比率大，对比就强烈；比率小，对比就弱；强光至阴影部分之间所含层次多、亮度间距多，对比小。为了增强主体的表现力，可以将明亮的物体或暗的物体衬在中间色调的背景上，也可将中间色调的物体衬在明亮色调或暗色调的背景上，或是明暗结合的物体衬在中间色调背景上。

（3）色彩对比根据色彩可分为明度对比、纯度对比和色相对比。利用原色红、绿蓝与补色黄、品、青配置能产生鲜明的对比效果，能强调画面色彩的多样性，突出主体，产生意境。

5.3.3 统一

统一性就是体现拍摄意图的单一性，即将大自然中与客观现实中既复杂又丰富、既矛盾又分散的各种现象与事物，通过选择、整理达到完美和统一。

1. 拍摄对象在主题中的统一

取得统一感的一个明显方法，就是只拍摄与中心思想有关的人和物，尽可能排除和主题没有直接关系或没有直接益处的人和物，突出主题，求得统一。

2. 通过组合求统一

拍摄由多个、单个物体组成的题材，如果将每个物体有吸引力和情趣的地方都表现出来，那么照片就势必混乱一片。为了画面统一的需要，必须善于删减，重新对题材组合而达到统一。可以按尺寸大小不同、形体异同、物体功能差异、共同兴趣等去组织，体现内在的统一性。

3. 统一的多变性

已经由原来的物体联系而建立起来的统一感，由于其他物体的介入失去联系，产生了变化，就需要重新体验，进而重新组合，达到统一。

4. 通过明暗、对比求统一

对立物之间有时也是自动地相互联系的。可以按照大小、色调、形状和方向进行组合，找出它们之间的对比关系，用艺术上的明与暗、影调的浓与淡，色彩的多样性，采用不同的组合，按照对比方式相互衬托达到统一。因此，通过对比差异的构图元素也是求得统一感的一种有效手段。

客观事物在光的照射下产生了明和暗。让明和暗渐次过渡能实现画面的整体化、统一感，增加画面的表现力。

5. 用流畅线条求统一

流畅的线条始终是达到统一的可靠手段。流畅的线条在画面上移动，观众的目光追寻着这条弯弯曲曲的线路，产生了一种实地运动的感觉，这条线勾划出画面中物体分界线的同时又让其他物体共用了这些分界线，从而把画面中的各部分有机地相互联系起来，产生了一种统一感。

有些较微妙的流畅线条，由画面里相邻的形状、阴影和间隔的边缘上引出，形成一种有组织、有节奏的运动，从而把各个物体相互联系起来达到统一。

5.3.4 节奏

节奏是一个有秩序的进程，通过交替、重复、间隔、渐变的变化提供可靠的格局和步调。自然界中四季循环、昼夜交替、海浪拍岸……它们都有自己的节奏。节奏具有高低起伏的一定格局，是激发情感的一种手段，能增加和丰富人们的想象力。有了轻重、强弱、大小和长短的节奏变化，才能使摄影画面富有感染力。

节奏能引起人们的视觉快感，有很大的活力。任何物体、任何构图要素都可以用来构成节奏。形状、线条、影调和质感的重复出现，以及重复出现的间隔，都能构成节奏。如篱笆、成排的柱子，一排排的白杨树，一栋栋的楼房等。

节奏必然产生差别和变化。一幅看来有着节奏条件却没有形成节奏的照片，给人们的印象是不舒服的，就好像一个缺乏节奏的舞蹈演员，令人觉得滑稽可笑。节奏产生的差别和变化会给摄影画面增添无穷的趣味和意境（图 5-7）。

图 5-7 《回廊》（建筑摄影）

交替给节奏带来了多样性。这种多样性存在于线条、方向、位置、色调和质感的变化之中。交替形成的节奏涉及两个独立的物体。包括：大小相同而形状不同，或者形状相同而大小不同。位置的交错会形成一种形状或一种线条等。

渐变形成的节奏是一种更有特点的节奏。在自始至终的渐变过程中，物体的大小、形状、影调、方向都呈递增或递减变化，这种变化就好像音乐里渐强或渐弱的韵律，体现着摄影画面的形式特征，表达出一定的思想内涵。

节奏能产生动感。将节奏作为一种构图的元素在画面上体现，也产生了一种运动或流动的特性。如微风中飘动的红旗和彩带，层层海浪拍击海岸景观，瀑布的流水等，都以一定的线条、一定的速度、一定的方向、一定的形式体现着节奏的运动，这种运动特性有时表现出一种含蓄和意境。如用频闪闪光灯拍摄人们登上阶梯的动作，挥动网球拍击打网球的瞬间等。

5.4 画面构图的基本方法

5.4.1 黄金分割构图法

“黄金分割”这种由古希腊人发明的几何学公式对很多画家和艺术家获取作品的和谐美具有指导意义，当然，运用在摄影构图上也不例外。

如图 5-8(a)所示，“黄金分割”公式可以从一个正方形来推导，将正方形底边分成二等分，取中点 x，以 x 为圆心，线段 xy 为半径作圆，其与底边直线的交点为 z 点，这样将正方形延伸为一个比率为 5∶8 的矩形，y' 点即为“黄金分割点”，$a : c = b : a = 5 : 8$。幸运的是，35 mm 胶片幅面的比率正好非常接近这种 5∶8 的比率(24∶36 = 5∶7.5)。

通过上述推导就能得到了一个被认为很完美的矩形，如图 5-8(b)所示，连接该矩形左上角和右下角作对角线，然后从右上角向 y' 点作一线段交于对角线，这样就把矩形分成了三个不同的部分。现在，在理论上已经完成了黄金分割，下一步就可以将所要拍摄的景物大致按照这三个区域去安排，也可以将图翻转 180 度或 90 度来进行对照(图 5-9)。

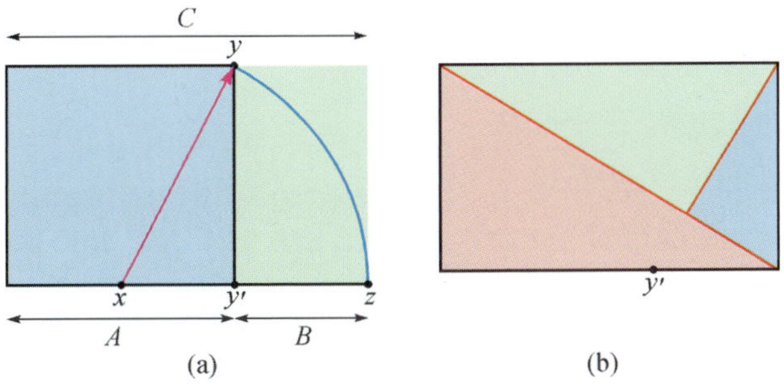

图 5-8　黄金分割

图 5-9　黄金分割构图

5.4.2 三分法构图和九宫格构图

1. 三分法构图

三分法构图实际上就是“黄金分割”的简化版，其基本目的就是为了避免对称式构图。

三分法构图有横向三分法和纵向三分法之分，是指把画面分成三等份，每一份中心都可放置主体形态，适用于表现多形态平行焦点的主体。它不仅可以表现大空间小对象，还可以表现小空间大对象。三分法构图，构图简练，并且能够鲜明地表现主题，是摄影者经常用到的构图法则之一。例如，在拍摄带有地平线的风光类作品时，为了避免地平线处于画面中间而造成整幅画面的呆板，摄影者应考虑把地平线放在画面的三分之一处（图5-10）。在拍摄人像时，摄影者也要避免把人物安排在画面中间，应尽可能地将人物放在画面的三分线上，这样视觉感会更加强烈。

图 5-10 三分法构图

2. 九宫格构图法

九宫格构图也称井字构图，实际上也属于黄金分割的一种形式。九宫格构图是把画面平均分成九块，在中心块的四个角的任意一点的位置上安排主体位置。实际上这几个点都符合“黄金分割定律”，是画面最佳的位置。九宫格构图能使画面呈现变化与动感，并且更加富有活力（图 5-11）。当然这四个点也有不同的视觉感应，上方两点的动感比下方的强，左面的比右面的强。但重点要注意视觉平衡问题。

图 5-11 九宫格构图法

5.4.3 三角形构图法

三角形是一个均衡、稳定的形态结构，摄影者可以把这种结构运用到摄影构图中来。三角形构图分为正三角形构图、倒三角形构图、不规则三角形构图以及多个三角形构图（图 5-12）。正三角形构图能够营造出画面整体的安定感，给人力量强大、无法撼动的印象；倒三角构图给人一种开放性及不稳定性所产生的紧张感；不规则三角形构图能给人一种灵活性和跃动感；而多个三角形构图则表现出热闹的动感，其在溪谷、瀑布、山峦等的拍摄中较为常见。在三角形构图过程中，还有一种情况就是利用画面中的三角形态势来突出表现主体。这种三角形构图是一种视觉感应方式，有形态形成的，也有阴影形成的。如果是自然形成的线形结构，此时可以把主体安排在三角形斜边中心位置上，但只有在全景时效果最好。另外，三角形构图可用于不同景别的摄影，也就是说它不仅能够用于远景、中景，还能够用于近景人物、特写等方面。

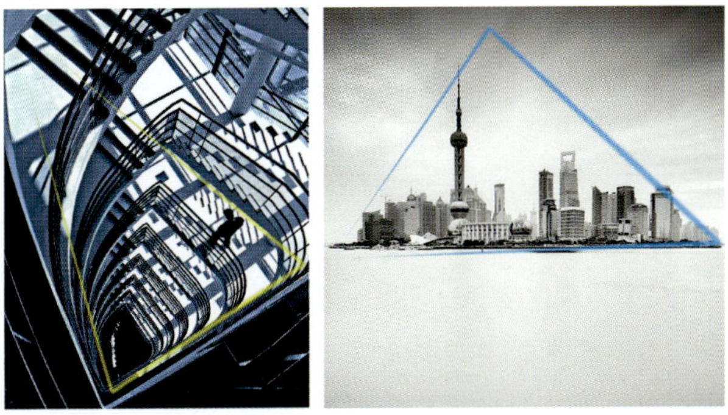

图 5-12　三角形构图法

5.4.4　框架式构图法

框架式构图法是影视作品中常见的拍摄构图方法，具有十分重要的意义。框架式构图的作用是为段落镜头定下了性格、基调。由于框架式构图为影片段落主题和人物内心情绪定下了基调，所以凡是框架式构图下的人物和场景，其基调一定是压抑的、沉闷的、悲伤的、消极的(图 5-13)。

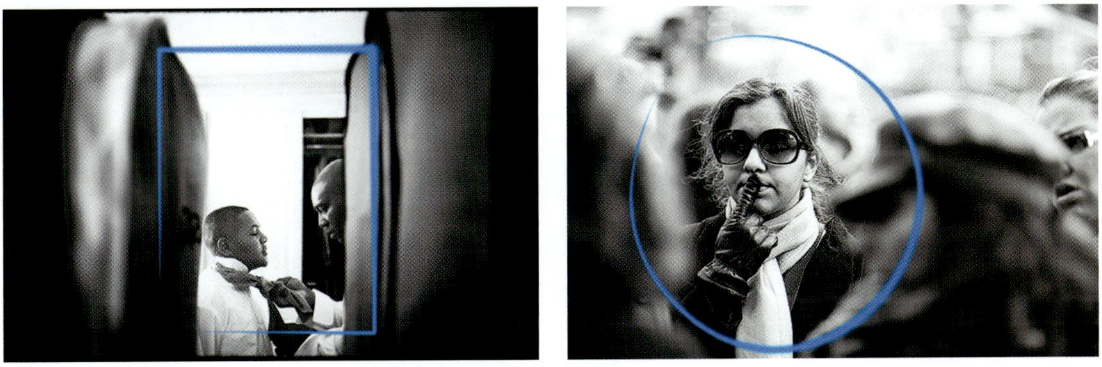

图 5-13　框架式构图法(前景为画面主体搭出一个框架)

良好构图的一个诀窍就是寻找适合拍摄主体的框架，选择框架式前景能把观众的视线引向框架内的景物，突出主体。将主体影像包围起来，形成一种框架可营造神秘气氛，就好像一个人从藏匿处偷偷窥视某个地方。框架式构图有助于将主体影像与风景融为一体，赋予照片更大的视觉冲击。留心诠释主体影像的不同方式，多花时间观察拍摄主体，绕拍摄主体多走走，当从不同视角审视拍摄主体时，会发现可供拍摄的角度很多。

要牢记保持前景与拍摄主体之间的平衡，勿使照片中的框架太过突兀。使用广角镜头时，不要将主体影像拍得太小，而应向后退，用中变焦镜头轻微地压缩视角，使主体影像自然增大。可以改变景深以突出框架或背景。比如，以一棵树为焦点，采用远摄镜头和大光圈拍摄背景，使树占据画面的主体。或者，聚焦在背景上从而使树偏离焦点，将观众的目光移至画面深处。如果有合适的支撑物，延长曝光时间能使画面更加清晰。

思考与练习

1. 利用构图的对比、统一、均衡、节奏的规律拍摄风景或城市题材作品。
2. 以“我的城市”为主题进行拍摄，练习封闭式构图方法和开放式构图方法。
3. 掌握框架式构图方法的应用并进行拍摄实践，理解在框架式构图时前景的作用。
4. 拍摄一组纪实题材的人像，并利用构图方法来突出照片的主体人物。

第6章 摄像的镜头运用

6.1 镜头运动摄像

人们经常把摄像机比作人的眼睛，眼睛在观看时受方向、视野、视线和运动状态的限制。当方向固定时，视野固定，被看空间也固定。视线只能在有限空间内"扫描"，方向发生变化时，视野随之变化，便出现了运动的观看。不管对象是运动的还是静止的，这两种观看都可以对它们进行扫描和跟踪观察。摄像机的拍摄和人的眼睛一样，也有固定和运动之分，这就是固定镜头和运动镜头。运动摄像指在一个镜头中通过摄像机的机位移动、摄像机光轴方向的改变和变化光学镜头焦距进行的一种拍摄方式。运动摄像必然造成景别、方向、视角、速度等的变化，这为摄像的表现提供了一种新的叙事方法。

拍摄影像镜头时，摄像机的活动方式基本上分为固定拍摄和运动拍摄两种。

6.1.1 固定拍摄

固定拍摄是把摄像机固定在一个三脚架上，在预先选择好的方向、景别和角度上进行拍摄。这样拍摄的镜头从画面背景和景物范围上来看，始终没有改变，活动对象的运动也是在这样一个固定的画面范围内进行的。在固定拍摄过程中，摄像机虽然固定不动，但可以改变拍摄的方向、景别和角度，从而产生各种变化。

1. 方向的变化

方向的变化是指在摄像机与被摄体的高度和距离不变的情况下，围绕被摄体四周来选择不同的拍摄点而产生的变化。

一是正面方向，完全正对着被摄体拍摄。这种角度有利于表现被摄对象的正面特征，具有亲切感，便于和观众交流。

二是侧面方向，与被摄体正面成 90 度的方向拍摄。这种角度有助于突出被摄对象的轮廓线条，如果被摄体是人，则容易表现人物脸部轮廓和姿态的美，因此用剪影形式拍摄人像时，通常都是采用正侧面角度。

三是后面方向，从被摄体的背面拍摄。这种角度能够表现被摄对象的背部特征，给观众积极的思考余地和无限的遐想空间。

2. 景别的变化

景别的变化是摄像机和被摄对象之间距离远近的变化。摄像机与被摄对象之间的距离不同，拍摄的画面效果是不一样的。同一个对象，用相同焦距的镜头拍摄，距离近，画面主体面积大，包括的景物范围小；距离远，画面主体面积小，包括的景物范围大。也就是说，主体在画面上的面积大小及周围景物的多少是景别的变化。电视景别一般有五种，即远景、全景、中景、近景和特写。

3. 角度的变化

角度的变化是指摄像机镜头与被摄对象在水平线上的变化。镜头与被摄对象在同一水平线上拍摄的角度，称为平拍。镜头在被摄对象的水平线以下，低于被摄对象拍摄的角度，称为仰拍。镜头在被摄对象的水平线以上，高于被摄对象拍摄的角度，称为俯拍。

6.1.2 运动拍摄

运动拍摄是指摄像机在拍摄时不断地改变拍摄方向、位置和角度或者改变焦距。用这种方法拍摄的镜头，画面上的背景景物的位置不断改变。运动拍摄的基本作用如下：

一是代替人的眼睛来观察景物；

二是运动结束时揭示出一种预料之中的或意想不到的场景；

三是可以跟随人物从一个场景转移到另一个场景。

运动拍摄的方式主要有：推摄、拉摄、摇摄、移摄、跟摄、甩摄等。

1. 推摄

推摄是摄像机向被摄主体方向推进，或者通过改变镜头的焦距(由广角调至长焦)，使画面的构图由大景别向小景别、主体由小向大连续过渡的拍摄方法。推镜头分起幅、推进和落幅三个部分。推镜头在向前推进的过程中，一方面会造成画面边框向前运动，使主体从环境中分离出来，突出主体人物和重点形象；另一方面提醒观众对主体或主体的某个细节引起特别注意。

2. 拉摄

拉摄是摄像机逐渐远离被摄主体，或变动镜头焦距使画面框架由近至远与主体拉开距离的拍摄方法。用这种方法拍摄的电视画面叫拉镜头。

拉镜头的画面特点：

(1) 拉镜头形成视觉后移效果。

(2) 拉镜头使被摄主体由大变小，周围环境由小变大。

拉镜头的功能和表现力：

(1) 拉镜头有利于表现主体和主体与所处环境的关系。

(2) 拉镜头画面的取景范围和表现空间是从小到大不断扩展的，使得画面构图形成多结构变化。

(3) 拉镜头是一种纵向空间变化的画面形式，它可以通过纵向空间和纵向方位上的画面形象形成对比、反衬或比喻等效果。

(4) 一些拉镜头以不易推测出整体形象的局部为起幅，有利于调动观众对整体形象逐渐出现直至呈现完整形象的想象和猜测。

(5) 拉镜头在一个镜头中景别的连续变化，保持了画面表现空间的完整和连贯。

(6) 拉镜头内部节奏由紧到松，与推镜头相比，较能发挥感情上的余韵，产生许多微妙的感情色彩。

(7) 拉镜头常被用作结束性和结论性的镜头。

(8) 利用拉镜头来作为转场镜头。

3. 摇摄

摇摄是指当摄像机机位不动，借助三角架上的活动底盘或拍摄者自身的人体，变动摄像机光学镜头轴线的拍摄方法。用摇摄的方式拍摄的电视画面叫摇镜头。

摇镜头的画面特点：

(1) 摇镜头犹如人们转动头部环顾四周或将视线由一点移向另一点的视觉效果。

(2) 一个完整的摇镜头包括起幅、摇动、落幅三个相互贯连的部分。

(3) 一个摇镜头从起幅到落幅的运动过程，迫使观众不断调整自己的视觉注意力。

摇镜头的功能和表现力：

(1) 展示空间，扩大视野。

(2) 有利于通过小景别画面包容更多的视觉信息。

(3) 能够介绍、交待同一场景中两个主体的内在联系。

(4) 利用性质、意义相反或相近的两个主体，通过摇镜头把它们连接起来，表示某种暗喻、对比、并列、因果关系。

(5) 在表现三个或三个以上主体或主体之间的联系时，镜头摇过时或作减速、或作停顿，以构成一种间歇摇。

(6) 在一个稳定的起幅画面后利用极快的摇速使画面中的形象全部虚化，以形成具有特殊表现力的甩镜头。

(7) 便于表现运动主体的动态、动势、运动方向和运动轨迹。

(8) 对一组相同或相似的画面主体用摇的方式让它们逐个出现，可形成一种积累的效果。

(9) 可以用摇镜头摇出意外之象，制造悬念，在一个镜头内形成视觉注意力的起伏。

(10) 利用摇镜头表现一种主观性镜头。

(11) 利用非水平的倾斜摇、旋转摇，表现一种特定的情绪和气氛。

(12) 摇镜头也是画面转场的有效手法之一。

摇镜头的拍摄要求：

(1) 摇镜头必须有明确的目的性。

(2) 摇摄速度会引起观众视觉感受上的微妙变化。

（3）摇镜头要讲求整个摇动过程的完整与和谐。

6.2 机位运动摄像

6.2.1 移摄

移动镜头的画面特征：

（1）摄像机的运动使得画面框架始终处于运动之中，画面内的物体不论是处于运动状态还是静止状态，都会呈现出位置不断移动的态势。

（2）摄像机的运动，直接调动了观众生活中运动的视觉感受，唤起了人们在各种交通工具上及行走时的视觉体验，使观众产生一种身临其境之感。

（3）移动镜头表现的画面空间是完整而连贯的，摄像机不停地运动，每时每刻都在改变观众的视点，在一个镜头中构成一种多景别多构图的造型效果，这就起着一种与蒙太奇相似的作用，最后使镜头有了它自身的节奏。

移动镜头的作用和表现力：

（1）移动镜头通过摄像机的移动开拓了画面的造型空间，创造出独特的视觉艺术效果。

（2）移动镜头在表现大场面、大纵深、多景物、多层次的复杂场景时具有气势恢宏的造型效果。

（3）移动摄像可以表现某种主观倾向，通过有强烈主观色彩的镜头表现出更为自然生动的真实感和现场感。

（4）移动摄像摆脱定点拍摄后形成多样化的视点，可以表现出各种运动条件下的视觉效果。

在实际拍摄时应尽量利用摄像机的变焦镜头中视角最广的那一端镜头。因为镜头视角越广，它的特点体现得越明显，画面也容易保持稳定。

6.2.2 跟摄

跟拍跟摄是摄像机始终跟随运动的被摄主体一起运动而进行的拍摄。跟摄时画面始终跟随一个运动的主体，由于一般情形下摄影机运动的速度与被摄主体运动的速度相一致，这个运动着的被摄对像在画框中处于一个相对稳定的状态，而背景环境则始终处在变化中。跟镜头的摄影机运动是以运动的被摄对象为契机和依据的，环境逐一连贯地表现出来，这种跟镜头重点在于通过人物的运动引出其所在的环境。比如在影片中表现追逐时常用跟镜头，被摄主体相对不变，而背景则一会儿是高速公路，一会儿是盘山公路，观众通过跟镜头看到了追逐，经过了许多地方，更感受到了追逐的艰辛和困难。跟摄时被摄对象在画框中的位置相对稳定，画面对主体表现的景别也相对稳定，如果是近景始终是近景，如果是远景始终是远景，目的是通过稳定的景别形式，使观众与被摄主体的视点、视距相对稳定，连续而详尽地表现运动中的被摄主体，这种拍摄方法既能突出主体，又能交代主体运动的方向、速度、体态及与环境的关系。比如影片中出现骑马、坐车的镜头，多用跟摄使主体相对稳定，形成一种对动态人物或物体的静态表现形式，使动体的运动连贯而清晰，有利于展示人物在动态中的神态变化和性格特点。

但如果想通过主体的运动在屏幕空间位置上的变化使动感更加强烈时，则需用固定镜头，如用长焦远调一辆正两面驶来的汽车，由于路面不平，汽车上下左右颤动，由于画框静止不动，汽车在画面上的颤动就更加明显。

从人物背后跟随拍摄的跟镜头，由于观众与被摄人物的视点同一，可以表现出一种主观性镜头，摄影机背跟方式的跟镜头，使镜头表现的视向就是被摄人物的视向，画面表现的空间也就是被摄人物看到的视觉空间，这种视向的合一，可以表现出一种强烈的现场感和参与感。

跟摄对人物、事件、场面的跟随记录的表现形式，在纪实性节目和新闻拍摄中有着重要的纪实意义，跟摄中被摄人物的运动直接左右着摄影机的运动，摄影机跟随被摄人物运动的拍摄方式体现了由于人物的运动而引起的被动纪录方式，这种表现方式不仅使观众置身于事件之中，成为事件的“目击者”，而且还表现出一种客观纪录的“姿态”。尽管摄影机是运动的，但表现的方式是追随式的、被动的，在画面造型上感觉到摄影者在事件现场不是事件的策划者和组织者，而是事件的“旁观者”和纪录者。

比如电视纪录片《半个世纪的爱》中，用跟摄表现一对老年夫妻从出家门经过一条长长的小路最后到了自家的菜地这一过程。从画面中可以看到，夫妻俩走路时夫在前、妻在后，而且妻子总是在后面跟着丈夫，并保持着几步远的距离，丈夫只有在过桥时扶了妻子一把，然后又头也不回一直向前走，客观再现了夫妻俩的一段日常生活，并让观众感到这对夫妻既相互恩爱，又有男尊女卑的封建思想，同时也很有真实性。

需要注意的是，用摄影机跟随被摄主体拍摄时，为了保证被摄主体在画面中的景别和与画框的相对位置保持不变，摄影机的运动方向和运动速度要与被摄主体的运动速度和方向相一致。另外，摄影机跟随被摄主体拍摄所带来的焦点的变化、拍摄角度的变化以及光线的变化等也都是应该考虑和注意的问题。

6.2.3 升降拍摄

升降拍摄能强化画内空间的视觉深度感，引发高度感和气势感，因此常常被用来展示事件或场面的规模、气势和氛围。比如大型运动会开幕式的集体舞表演时，升降镜头从小景别升起后展现出大景别画面中的群舞场面，给人一种此起彼伏、规模浩大的现场感。

升降镜头在垂直地展现高大物体时不同于垂直的摇镜头，垂直的摇镜头由于机位固定、透视变化，高处的局部可能会变形；而升降镜头可以在一个镜头中用固定的焦点和固定的景别对各个局部进行准确的再现。以拍摄同一幅悬挂起来的巨型竖幅标语为例，用垂直摇镜头从最上一个字摇到最下一个字，本来一样大的字体会在画面中呈现出由小到大的变化；而用升降镜头拍摄时，画面中的字从头到尾还是一样大。

升降镜头视点的升高，视野的扩大，可以表现出某点在某面中的位置；同样，视点的降低和视野的缩小能够反映出某面中某点的情况。

升降镜头从低至高或从高至低的运动过程中，可以在同一镜头中完成不同形象主体的转换，比如升镜头中较远的景物和人物最初被画面中的形象所遮挡，随着镜头升起后逐渐显露出来。反之，降镜头可以实现从大范围画面形象向某一较近的形象调度。

比如升镜头的起幅画面中两个日本监工正站在树荫下吃西瓜，随着镜头升起，这两人出画，观众看到在不远处的采石场地里，众多中国劳工正顶着烈日拼死干活。电视剧中这样一个镜头的意蕴并不难懂，这种画面主体形象的调度也不难实现。反过来，如果把上述升镜头转换为降镜头来加以表现，也就完成了从“中国劳工”到“日本监工”的形象调度和内容转换。

总之，升降镜头借助特殊装置所表现出来的独特画面造型效果，可以给观众提供丰富的视觉感受和调度画面形象的有效手段。特别是把升降镜头与推、拉、摇及变焦距镜头的运动等多种运动方式结合使用时，会构成一种更加复杂多样、更为流畅活跃的表现形式，能在复杂的场面中取得收放自如、变化多端的视觉效果。当然，由于升降镜头带来的视觉感受比较特别，容易让观众感受到创作者的主观意图，从而产生对画面造型效果的“距离”感，因此，对升降镜头应慎重使用，特别是拍摄新闻纪实类节目时尤其需要慎重考虑，否则，画面造型的表现性可能会影响节目内容的真实感和客观性。

拍摄升降镜头要借助升降机或吊臂。升降机是摄影师和摄影机连同三角架在升降车里上下移动，在移动过程中摄影师可进行变焦推拉和摇摄，从而构成综合运动。吊臂，又称摇控升降机，俗称“大炮”，是近几年发展起来的综合运动工具，只要把摄影机固定在吊臂的前端，摄影师在地面上手动摇控即可，借助吊臂可以完成推、拉、摇、移和升降等综合运动镜头的拍摄。近几年的电影、电视剧，特别是大型的体育比赛和文艺演出中，常常用吊臂进行拍摄，收到良好的画面效果。与其他运动方式相同，不管用升降机还是吊臂，升降拍摄中一定要注意机位运动过程中和画面起幅落幅的画面构图、焦点要准确，运动速度要均匀并且与画面内部的情绪和节奏相一致。

6.3 综合运动摄像

6.3.1 综合运动摄像的功用

综合运动摄像是指摄像机在一个镜头中把推、拉、摇、移、跟、升降等各种运动摄像方式，以不同程度地、有机地结合起来的拍摄。用这种方式拍得的电视画面叫综合运动镜头。

综合运动摄像呈现出多种形式，大致分为三种情况：其一是先后方式，诸如推摇镜头（先推后摇）、拉摇镜头（先拉后摇）等；其二是包容方式，即多种运动摄像方式同时进行的，比如移中带推、边移边摇等；其三是前两种情况的混合运用。如果按排列组合方式，至少可以将运动镜头分为成百乃至上千种不同形式。

1. 综合运动镜头的作用和表现力

(1) 综合运动镜头有利于在一个镜头中记录和表现一个场景中一段相对完整的情节。

不管是先后出现还是同时进行，综合运动镜头在一个镜头中存在两个以上的运动方向，都比单一运动方式呈现出一种较为复杂多变的画面造型效果；另一方面，由于综合运动镜头把各种运动摄像方式有机地统一起来，在一个镜头中形成一个连续性的变化，给人以一气呵成的感觉。

(2) 综合运动镜头是形成电视画面造型形式美的有力手段。

综合运动镜头的运动转换点更为流畅、圆滑，画面视点的转换更为顺畅、自然，每一次转变都使画面形成一个新的角度或新的景别。从造型上讲，它构成了对被摄对象的多层次、多方位、立体化的表现，形成了一个流动而又富有变化的、其本身就具有韵律和节奏的表现形式。这种运动的表现使得画面中仿佛流动着一种富有意蕴的旋律，从而引发了观众的视觉注意和审美感受。现在许多的音乐电视作品中都注意运用综合运动镜头以形成画面语言的美感和韵致，可以说正是由综合运动镜头形式上的造型表现力所直接决定的。

(3) 综合运动镜头的连续动态有利于再现现实生活的流程。

尽管在一个综合运动镜头中景别、角度、画面节奏等因素不断变化，但画面在对时间、空间的表现上并没有中断，镜头的时空表现是连贯而完整的。它使画面空间在一个完整的时间段落上展开，在纪实性节目中保证了事件的进程受到尊重。它不是经过镜头剪辑，而是通过镜头运动再现了现实时空的自然流程，因而更有真实感。比如，在《东方时空》的《生活空间》栏目中，许多节目都是在大量综合运动镜头的基础上得以客观而鲜活地再现老百姓的生活和故事的。此外，在电视剧、专题晚会等电视节目中，综合运动镜头使导演通过镜头运动有意识地组织观众对情节和场景的认识成为可能，保证了场面调度的随意性、多样化和连续性、完整性。

(4) 综合运动镜头有利于通过画面结构的多元性形成表意方面的多义性。

综合运动镜头在一个连续不断的时间里，将事件、情节、人物和动作在几个空间平面上延伸展开，形成一种多平面、多层次、多元素的相互映衬和对比，使画面内部蒙太奇更为丰富。这种画面结构的多元性，形成表意方面的多义性，加大了单一镜头的表现容量，丰富了镜头内的表现含义。

(5) 综合运动镜头在较长的连续画面中可以与音乐的旋律变化相互"合拍"，形成画面形象与音乐一体化的节奏感。

综合运动镜头将多种运动摄像方式有机地结合起来不间断地一次完成，一般镜头长度较长，能够在一个镜头中包容一段完整的音乐，不因画面分段和出现场景的变化破坏音乐的整体性和旋律美。同时，当镜头内多种运动形式所构成的节奏变化和运动韵律与音乐旋律和节拍相同步，会产生一种画面运动与音乐旋律变化相"谐振"的效应，强化声画的节奏感。

6.3.2 综合运动画面的拍摄技巧

综合运动镜头的拍摄是一种比较复杂的拍摄，由于镜头内变化的因素较多，需要考虑和注意的地方也较多，归纳起来首先要处理好以下几点问题：

第一，除特殊情绪对画面的特殊要求外，镜头的运动应力求保持平稳。画面大幅度的倾斜摆动，会产生一种不安和眩晕，破坏观众的观赏心境。

第二，镜头运动的每次转换应力求与人物动作和方向转换一致，与情节中心和情绪发展的转换相一致，形成画面外部的变化与画面内部的变化完美结合。

第三，机位运动时注意焦点的变化，始终将主体形象处理在景深范围之内。同时注意到拍摄角度的变化对造型的影响，并尽可能防止拍摄者影子进画出现穿帮现象。

第四，要求摄录人员默契配合，协同动作，步调一致。比如升、降机的控制，移、跟过程中话筒线的注意等，如果稍有失误，都可能造成镜头运动不到位甚至绊倒摄像师等后果。越是复杂的场景，高质量的配合就越发显得重要。

随着电视摄录设备的日益小型化、轻便化和一体化，加之运动肩架等减震装置的不断完备，在电视新闻、电视纪录片、纪实性专题节目、甚至在许多电视剧中，通过拍摄者肩扛摄像机拍摄综合运动镜头的情况越来越普遍了。概括说来，肩扛方式拍摄的综合运动镜头具有以下三个优点：

1. 人的视点

肩扛摄像机使镜头的拍摄高度为正常人眼睛的高度，在这个视点上拍摄的画面是人们生活中最常见到的，看起来也最为熟悉和亲切。画面中景物的透视关系处在一个相对稳定的状态中，较少极低视点或极高视点画面中透视关系变形所内含的某些表现性。

2. 运动节奏的“人化”效果

通过拍摄者自身运动完成的运动镜头，画面不同于通过移动轨或升降机等机械手段完成的运动镜头，其运动的速度是人物行进的速度，画面运动的起伏直接受人物步伐、步频等影响。观看这种画面使人强烈地感受到摄像机的存在——一种由于画面起伏变化使观众感到拍摄者运用摄像机在拍摄现场纪录表现的创作活动。此时此刻，摄像机镜头在拍摄现场作为拍摄者的眼睛，在电视屏幕前又成为观众的眼睛，把观众带到了拍摄现场。在电视新闻片和其他纪实性的节目中，肩扛摄像机完成的电视画面具有浓郁的现场氛围，是电视新闻记者加强画面真实性和现场感的有效表现手段，也是情节性节目中表现剧中人物主观镜头常用的拍摄方法。

3. 镜头调度的随意性

肩扛摄像机拍摄使拍摄过程中各操作动作集于拍摄者一身，如机位运动、焦点调整、光圈转换。变焦距推拉、俯仰角度和拍摄方向等的变化均由拍摄者控制。镜头调度自由、灵活，应变能力强，具有较大的随意性。随着摄像机托架装置的进步和完善，肩扛摄像机也能拍出非常平稳的画面，不论是以较快的速度行进，还是在较小空间里自由的运动，变换角度、距离和方向都已成为一件不难做到的事。当然，如果没有特殊的减震装置，仅靠摄像师控制对于保证画面的清晰和稳定就是一件十分困难的事了。

但是，正如前文所述，无论是拍摄固定画面还是运动画面，都应当把内容和主题的需要摆在首先考虑的位置上，要对所采取的拍摄方式和镜头运动有充分的、全面的思考和准备，并在具体操作中加以准确、严密、流畅而到位的表现，动其所当动，静其所当静。而决不应把运动摄像所提供的技术手段当成是炫耀和卖弄的资本，"为运动而运动"，结果是画面不知所云，不知所"动"，反而干扰了观众对画面信息和内容形象的理解。

思考与练习

1. 利用手中的数码设备(手机、相机、家用 DV 均可)拍摄一段 1 分钟视频，要求完整体现一个创意或者发生的一件事情。
2. 拍摄一组含有摇摄和跟摄镜头的画面，然后请分析它们的作用特点。
3. 使用小型 DV 设备进行固定拍摄和运动拍摄的练习，注意推、拉、摇、移的配合使用。

第7章 数字影像的后期处理

7.1 数字摄影的后期合成与处理

7.1.1 数字摄影的文件格式及处理软件

1. 数字摄影的文件格式

图像格式即图像文件存放在记忆卡上的格式，通常有 JPEG、TIFF、RAW 等。由于数码相机拍摄的图像文件很大，储存容量却有限，因此图像通常都会经过压缩再储存。

(1) JPEG 文件格式

JPEG 文件格式（图 7-1）是 Joint Photographic Experts Group（联合图像专家组）的缩写，文件的后缀名是“. JPG”，这是最常见的一种文件格式，几乎所有的图像软件都可以打开。现在，JPEG 格式已经成为印刷品和万维网发布的压缩文件的主要格式。它可以支持 16 M 种颜色，能很好地再现全彩色图像，较适合摄影图像的存储。由于 JPEG 格式的压缩算法是采用平衡像素之间的亮度色彩来压缩的，因而更有利于表现带有渐变色彩且没有清晰轮廓的图像。

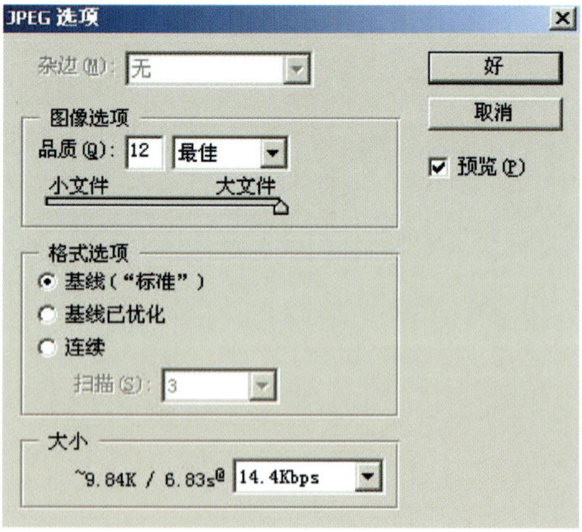

图 7-1 JPEG 文件格式

JPEG 文件格式允许用可变压缩的方法，保存 8 位、24 位、32 位深度的图像。JPEG 使用了有损压缩格式，这就使它成为迅速显示图像并保存较好分辨率的理想格式。当进行印刷或在显示器上观察时，JPEG 一般可将图像压缩为原大小的十分之一而看不出明显差异。也正是由于 JPEG 格式可以进行大幅度的压缩，使得它方便储存、通过网络进行传送，所以得到了广泛的应用。当使用 JPEG 格式保存图像时，Photoshop 给出了多种保存选项，可以选择用不同的压缩比例对 JPEG 文件进行压缩，即压缩率和图像质量都是可选的。

(2) TIFF 文件格式

TIFF 文件格式（图 7－2）是 Tagged Image File Format（标记图像文件格式）的缩写，文件的后缀名是“. TIF”，这是现阶段印刷行业使用最广泛的文件格式。这种文件格式是由 Aldus 和 Microsoft 公司为存储黑白图像、灰度图像和彩色图像而定义的存储格式，现在已经成为出版多媒体 CD-ROM 中的一个重要文件格式。虽然 TIFF 格式的历史比其他的文件格式长一些，但现在仍是使用最广泛的行业标准位图文件格式，这主要是由于 TIFF 格式的规格经过多次改进。TIFF 位图可具有任何大小的尺寸和分辨率。理论上它能够有无限位深，即每样本点 1～8 位、24 位、32 位（CMYK 模式）或 48 位（RGB 模式）。TIFF 格式能对灰度、J 健、CMYK 模式、索引颜色模式或 RGB 模式进行编码。几乎所有工作中涉及位图的应用程序，都能处理 TIFF 文件格式——无论是置入、打印、修整还是编辑位图。

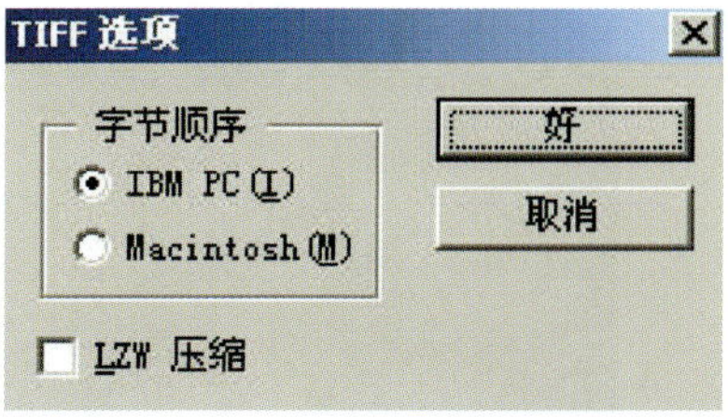

图 7-2　TIFF 文件格式

TIFF 格式可包含压缩和非压缩图像数据，如使用无损压缩方法 LZW 来压缩文件，图像的数据不会减少，即信息在处理过程中不会损失，能够产生大约 2∶1 的压缩比，可将原稿文件消减到一半左右。TIFF 是一种非失真的压缩格式（最高 2～3 倍的压缩比）。这种压缩是文件本身的压缩，即把文件中某些重复的信息采用一种特殊的方式记录，文件可完全还原，能保持原有图颜色和层次，优点是图像质量好，兼容性比 RAW 格式高，但占用空间大。

(3) RAW 文件格式

RAW 文件的扩展名是“. RAW”。RAW 是一种无损压缩格式，它的数据是没有经过相机处理的原文件，因此它的大小要比 TIFF 格式略小。

RAW 是未经处理、也未经压缩的格式，可以把 RAW 概念化为“原始图像编码数据”或更形象地称为“数码底片”。将其比作“底片”是因为想通过“底片”获得完美照片，是需要后期“电子暗房”工作支持的。RAW 像 TIFF 格式一样，是一种“无损失”数据格式，对于 500 万像素的数码相机，一个 RAW 文件保存了 500 万个点的感光数据。而 TIFF 格式在相机内部就处理过，就如索尼相机以色彩艳丽著称，富士相机在人像上色彩把握方面很稳重等，这些都是影像处理器对色彩特别处理的结果。而 RAW 格式则是“原汁原味”未经处理的数据，如 JPEG、TIFF 等文件是数码相机在 RAW 格式基础上，调整白平衡和饱和度等参数，生成的图像数据。

RAW 格式可以根据我们对图片不同的需要进行手动调整，如图片的对比度、白平衡、曝光补偿、清晰度、眩晕度、阴影、高光控制、镜头暗角修正等，可以去除图片中暗部的噪点、紫边、调整暗角等(图 7-3)。数码相机图片的大部分问题可以得到有效的缓解或解决,将稳定的图像重现,使图片的色彩达到理想中的最佳效果。如今我们只需利用一台操作起来很简单的相机功能和一个大众化的电脑软件,就可以再现过去需要高级传统设备的暗房工作。

图 7-3　在 Adobe LightRoom 中处理 RAW 格式照片

RAW 格式之所以存在,是为所拍摄的图片锦上添花,通过对曝光、亮度、对比度的调整,让图片达到最佳效果,但不要把相机中的图片全部寄托在后期电脑修正调整上。图片一旦曝光过度或严重不足,后期再如何对图片进行调整也不会达到满意效果,再有经验的美术编辑,也不可能把它修复成完美的图片。所以应当从一开就要使用正确的摄影技术,用心拍摄每一张图片,后期只是通过对图片简单的整体或局部的调整,让图片呈现出最佳或特殊的视觉效果,但调整要适度,不然效果会适得其反,给人一种“过了”或“假”的感觉。摄影是视觉艺术,是精彩瞬间的凝固,人们会钟爱摄影捕捉住的瞬间画面,会被这个瞬间所感动,所震撼。

2. 数字照片的处理软件

数字照片的后期处理软件的种类非常多,而 Adobe 公司的系列软件中的 Photoshop 和 Lightroom 无疑是摄影师和专业图像后期处理的首选。

Photoshop 是 Adobe 公司旗下最为出名的图像处理软件软件之一。如今,Photoshop 已成为图像处理软件的标准(图 7-4)。Adobe 公司成立于 1982 年,是美国最大的个人电脑软件公司之一。2013 年 6 月 17 日 Adobe Creative Cloud 设计套装软件正式发布。Adobe CC 总共有 15 个独立程序和相关技术,由 5 种不同的组合构成了 5 个不同的组合版本,分别是大师典藏版、设计高级版、设计标准版、网络高级版、产品高级版。这些组件中人们最熟悉的可能就是 Photoshop 了,Photoshop CC 有标准版和扩展版两个版本。Photoshop CC 标准版适合摄影师以及印刷设计人员使用。

图 7-4　Adobe photoshop

从功能上看，Photoshop 可分为图像编辑、图像合成、校色调色及特效制作部分。

图像编辑是图像处理的基础，可以对图像做各种变换，如放大、缩小、旋转、倾斜、镜像、透视等，也可进行复制、去除斑点、修补、修饰图像的残损等。这在婚纱摄影、人像处理制作中有非常大的用处，去除人像上不满意的部分，进行美化加工，得到让人非常满意的效果。

图像合成则是将几幅图像通过图层操作、工具应用合成完整的、传达明确意义的图像，这是美术设计的必经之路。Photoshop 提供的绘图工具，将外来图像与创意很好地融合，使图像的合成天衣无缝。

校色调色是 Photoshop 中深具威力的功能之一，可方便快捷地对图像的颜色进行明暗、色编的调整和校正，也可对不同颜色进行切换，以满足图像在不同领域如网页设计、印刷、多媒体等方面应用。

另外，Adobe Photoshop Lightroom 软件是当今数字拍摄工作流程中不可或缺的一部分(图 7-5)。可以快速导入、处理管理和展示图像。其增强的校正工具、强大的组织功能以及灵活的打印选项，可以加快图片后期处理速度，将更多的时间投入拍摄中去。

Adobe Lightroom 是一款适合专业摄影师输入、选择、修改和展示大量的数字图像的高效率软件。这样，用户可以花费更少的时间整理和完善照片。它的界面干净整洁，可以让用户快速浏览和修改完善照片以及数量庞大的图片。

Lightroom 是一款重要的后期制作工具，界面和功能与苹果公司 2005 年 10 月推出的 Aperture 1.0 颇为相似，面向数码摄影、图形设计等专业人士和高端用户，支持各种 RAW 图像，主要用于数码相片的浏览、编辑、整理、打印等。

Lightroom 与 Photoshop 有很多相通之处，但定位不同，更不会取而代之，而且 Lightroom 也没有 Photoshop 的很多功能，如选择工具、照片瑕疵修正工具、多文件合成工具、文字工具和滤镜等。

图 7-5　Adobe Lightroom

同时，Windows 版的 Lightroom 也失去了 Mac OS X 版的一些功能，如幻灯片背景音乐、照相机和存储卡监测、HTML 格式幻灯片创建工具等。Adobe 收购丹麦数码相片软件公司 Pixmantec ApS 后，获得了后者面向数码摄像的 RawShooter 软件，其工作流程管理、处理技术等都已经被整合到 Windows 版的 Lightroom 中。

7.1.2　摄影的“数字暗室”

胶片时代的摄影是将胶卷交由专业冲印单位进行加工，而好的摄影师往往不满足于大众化的输出制作，一张精彩出色的照片是在自己的暗房里进过再次构图，再次曝光，配合不同相纸和显影液及时间的掌控等手段得来的。

暗房特技大师杰里・尤斯曼说，“许多人回避暗房工作，可能是由于他们只懂得注重拍摄技术，把摄影只看作是按快门……也有一些人则对暗房工作采取抵触的态度。他们觉得暗房是个令人难以忍受的地方”。造成这种拍摄与制作完全脱节的现象有多种原因，其中有摄影者自身的主观因素，也有经济条件、生活工作环境等客观因素。那些只会按快门的摄影师无法在摄影的全过程中发挥自己全部的创造力和想象力，所以他们的艺术潜质很可能被埋没。试想一下，如果以影调控制绝技著称的摄影大师安塞尔・亚当斯，不是自己动手完成照片后期处理的操作，那么他还会给我们留下那些气势恢宏震撼心灵的传世之作吗？因此，当按下快门之后，作品只是完成了一半，另一半就需要在“暗室”中继续完成（图 7-6）。

图 7-6　数字“暗室”创作

传统的暗房工艺发展到今天的数码时代，已经从“暗室”走进了“明室”。这里所说的“数字暗室”是指数字摄影中数字图像的后期处理，相对于传统摄影的后期冲印放大的“暗室”来说，可以说是“明室”，所有的后期处理都在计算机中完成。“数码暗室”可以让摄影师直接参与到照片的后期控制，这样更容易获得预期的画面效果。在这个“暗室”中，摄影师的创意不受限制，可以天马行空，任意地想象与创造。虽然长期以来一些人认为暗房后期处理就是挽救那些拍摄失败的底片，进而使一些不成功的影像起死回生。实际上这只是暗房技术的功能之一。有一些摄影师平时主要是猎取视觉素材，一般没有明确的想法，只要有可取的影像就先把它拍下来，留待回到家里慢慢思量，一旦构思成熟就会选择一种或几种暗房技法来帮助自己完成作品。当然这种后期再创作的成败与否，除了需要巧妙的构思，还取决于摄影师的暗房功力在多大程度上能支持想法。

7.2　数字摄像的后期编辑

7.2.1　数字摄像的非线性编辑软件

1. 家用级专业软件

(1) 会声会影

会声会影(图 7-7)是一款由台湾友立公司推出的入门级视频编辑软件(更专业的是其同门师兄 Ulead MediaStudio Pro，即“友立独立制片人”)。它是专门为个人及家庭用户量身打造的数码影像编辑软件，可以对存储在硬盘上的视频片断进行处理。它支持多种视频来源，可直接从数码摄像机、电脑摄像头、数码相机等多种数码设备上获取视频素材，能以生成多种编码格式的视频文件，甚至提供 VCD、DVD 刻录功能，能够直接生成 DVD 并刻录影碟。

图 7-7　会声会影 X5

会声会影由于主要针对的是个人及家庭用户，因此在设计上也非常人性化。它的视频编辑功能非常丰富，具有故事模板编辑方式和时间线编辑方式，能够处理滤镜特效、字幕标题、配乐旁白等，详尽的向导功能能够带领任何初学者快速上手。此外，简洁的工作流程、清晰的结构布局，也使得初学者能够在上手的同时对非编软件有较好的理解，养成良好的操作习惯，为以后的进阶打下坚实基础。

（2）Power Director

Power Director（图 7-8）是台湾迅连科技有限公司的家用非编软件，也叫“魅力四射”。是一款数字视频编辑程序，它帮助用户创建具有专业外观的电影，加上配乐、配音、电影特效以及转场特效等，让用户的电影至臻完美。如果用户没有制作电影的经验，也无需担心。Power Director 提供了简单易用的工具，帮助家庭用户的视频变得更具创意。用户不需要成为视频处理专业人员，也不用具备制作一部大片的雄心壮志，即可尽情享受 Power Director 带来的乐趣。它具备采集、编辑、压缩、刻录功能，凡会声会影具备的，Power Director 都具备。转场特效多，视频滤镜效果实用，能过滤风声噪音、能调色，字幕标题功能强大，有许多字幕模板，可以轻松制作出炫目的字幕。还具有简易画中画功能。最值得称道的是其压缩速度比会声会影快两倍，并支持压缩成 MPG4。

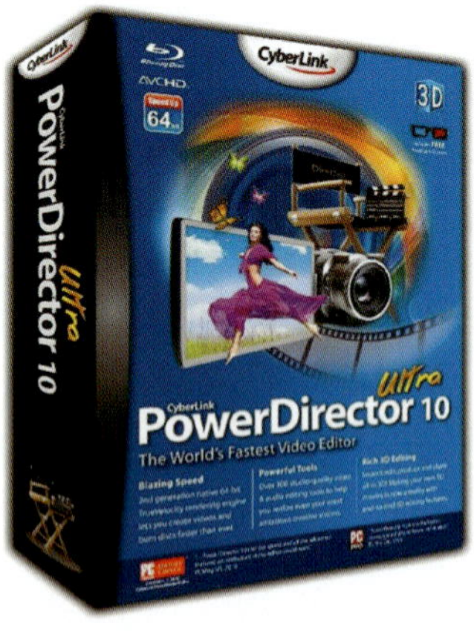

图 7-8　Power Director

（3）品尼高 Studio（Pinnacle Studio）

Pinnacle Studio（图 7-9）是一款非常好的家用级视频编辑软件（更专业的是其同门师兄 Pinnacle Liquid Edition，所编辑的影片屡次获奥斯卡大奖），无论是采集还是编辑，功能都十分强大，具备刻录影牒功能。最值得称道的是转场效果中有上百种“好莱坞特效”，许多漂亮的特效做出来后让人感到非常专业。目前的最高版本是 Studio10，支持蓝抠像、绿屏抠像。

图 7-9　Pinnacle Studio

2. 专业级、广播级非编软件

（1）Premiere Pro

Premiere Pro 是全球著名的影视制作软件（图 7-10）。Adobe Premiere Pro 提供了更强大、高效的增强功能和先进的专业工具，包括尖端的色彩修正、强大的新音频控制和多个嵌套的时间轴，并专门针对多处理器和超线程进行了优化，能够利用新一代基于英特尔奔腾处理器、运行 Windows XP 的系统在速度方面的优势，提供一个能够自由渲染的编辑体验。

图 7-10　Adobe Premiere Pro

Adobe Premiere Pro 既是一个独立的产品，也是新推出的 Adobe Video Collection 中的关键组件。

“Premiere Pro 建立了在 PC 上编辑数码视频的新标准。我们对它进行了重新设计，把它从原来的基础级提升到能够满足那些需要在紧张的时限和更少的预算下进行创作的视频专业人员的应用需求”，Adobe 公司数码图像和视频产品副总裁 Bryan Lamkin 说，“Premiere Pro 中的新架构允许我们快速响应客户的需求，提供更强大的、能够有效生成漂亮视频项目的应用”。Adobe Premiere Pro 在制作工作流中的每一方面都获得了实质性的发展，允许专业人员用更少的渲染作更多的编辑。Premiere 编辑器能够定制键盘快捷键和工作范围，创建一个熟悉的工作环境，诸如三点色彩修正、YUV 视频处理、具有 5.1 环绕声道混合的强大的音频混频器和 AC3 输出等专业特性都得到进一步的增强。

Adobe Premiere Pro 把广泛的硬件支持和坚持独立性结合在一起，能够支持高清晰度和标准清晰度的电影胶片。用户能够输入和输出各种视频和音频模式，包括 MPEG2、AVI、WAV 和 AIFF 文件，另外，Adobe Premiere Pro 文件还能够以工业开放的交换模式 AAF(Advanced AuthoringFormat，高级制作格式)输出，用于进行其他专业产品的工作。

作为 Adobe 屡获殊荣的数码产品线的一员，Adobe Premiere Pro 能够与 Adobe Video Collection 中的其他产品无缝集成，这些产品包括 Adobe Audition、Adobe Encore DVD、Adobe Photoshop 和 After Effects 软件。Adobe Premiere Pro 和 After Effects 6.0 共同合作，较之在两个应用之间独立工作相比，共享数据容易得多。用户能够以带有章节注记的 MPEG2 或 AVI 文件模式输出 Adobe Premiere Pro 项目，由 Adobe Encore DVD 转化为章节数。由于 Photoshop 的带图层文件置入 Adobe Premiere Pro 时，既可以把图层合并置入，也可以将每一个图层独立作为一个视频轨置入，使 Photoshop 用户获益匪浅。这些集成的特性有助于创建一个灵活的工作流，节省制作时间，提高效率。

(2) Final cut pro

Final Cut Pro 是苹果公司开发的一款专业视频非线性编辑软件(图 7-11)。第一代 Final Cut Pro 在 1999 年推出，最新版本 Final Cut Pro X 包含进行后期制作所需的一切功能。导入并组织媒体、编辑、添加效果、改善音效、颜色分级以及交付——所有操作都可以在该应用程序中完成。

Final Cut Pro 视频剪辑软件由 Premiere 创始人 Randy Ubillos 设计，充分利用了 PowerPC G4 处理器中的“极速引擎”(Velocity Engine)处理核心，提供全新功能。例如，不需要加装 PCI 卡，就可以实时预览过渡与视频特技编辑、合成和特技，Matrox 最近宣布将给 Final Cut Pro 增加实时特性的硬件加速。该软件的界面设计相当友好，按钮位置得当，具有漂亮的 3D 感觉，拥有标准的项目窗口及大小可变的双监视器窗口。它运用 Avid 系统中含有的三点编辑功能，在 preferences 菜单中进行所有的 DV 预置之后，采集视频相当好，用软件控制摄像机，可批量采集。时间线简洁容易浏览，程序的设计者选择邻接的编辑方式，剪辑是首尾相连放置的，切换(例如淡入、淡出或划变)是通过在编辑点上双击指定的，并

图 7-11　Final Cut Pro

使用控制句柄来控制效果的长度以及入和出。特技调色板具有很多切换，虽然大部分是时髦的飞行运动、卷页模式，然而这些切换是可自定义的，它使 Final Cut Pro 优于只有提供少许平凡运行特技的其他的套装软件。

在 Final Cut Pro 中有许多项目都可以通过具体的参数来设定，这样就可以达到非常精细的调整。Final Cut Pro 支持 DV 标准和所有的 Quick Time 格式，凡是 Quick Time 支持的媒体格式在 Final Cut Pro 都可以使用，这样就可以充分利用以前制作的各种格式的视频文件，还包括数不胜数的 Flash 动画文件。

总之，这是一个非常好的软件包，它提供较佳的编辑功能，具有像 Adobe After Effects 高端合成程序包中的合成特性。

Final Cut Pro HD 是一个高性能、全功能的应用软件，提供了绝佳的扩展性、精确的剪辑工具和天衣无缝的工作流程。现在 Final Cut Pro HD 除了可以通过 PCI 卡获取 HD-SDI 外，还支持通过 FireWire 接口获取 DVCPRO HD 格式并输出，并且可以对大多数的输入格式进行剪辑。

(3) Sonic Foundry Vegas

Vegas(图 7-12)是一款优秀的视频编辑软件，其画质特效与声音编辑功能为人称道，具备三轮色彩校正、专业抠像等功能，提供三维立体动画编辑功能，字幕功能强大，专业性虽不如 Adobe Premiere Pro，但转场特效、片头字幕、文本动画、复杂的合成、动态全景等都是它的特长。有专业人士评价，其画质好于 Adobe Premiere Pro，图像边缘无毛刺，锐度好。不用 CanopusProCoder 和 TMPGEnc PLUS，也能压缩出高清晰画质的视频来，影像不闪烁。充分结合了特效、合成、滤镜、剪裁和动态控制等多项工具，最多可叠加 99 轨。

图 7-12　Vegas Pro

(4) Canopus EDIUS

Canopus EDIUS(图 7-13)是一款新兴的视频合成软件，内置 500 多种转场特效，内置的 CanopusProCoder1.1 压缩视频很清晰，内置 TitleMotion 专业字幕软件，可制作电视台一样的字幕效果，字幕能做成各种动画，支持三维字幕。在三轮色彩校正，亮键抠像、色键抠像方面非常专业，支持 3D 画中画，2D 画中画。在音频处理上也有专业模块，还有示波器。用户不需要到处去寻找这些插件就可直接采集、编辑、刻录 DVD 影碟。专业人士评价其许多功能超过了 Adobe Premiere Pro，国外许多电视台都使用 Canopus EDIUS 和 Vegas。

图 7-13　Canopus EDIUS

7.2.2 数字影像的输入与输出

1. 数字影像的输入

数字视频或影像的输入主要通过视频采集卡来完成,视频采集卡从视频信号源和采集卡的接口的不同可分为两大类:一类是模拟采集卡,另一类是数字采集卡。

模拟采集卡通过 AV 或 S 端子将模拟视频信号采集到 PC 中,使模拟信号转化为数字信号,其视频信号源可来自模拟摄像机、电视信号、模拟录像机等。

数字采集卡通过 IEEE1394 数字接口,以数字对数字的形式,将数字视频信号无损地采集到了 PC 中,其视频信号源主要来自 DV(数码摄像机)及其他一些数字化设备。

模拟采集卡与数字采集卡的一个重要区别就是:使用数字采集卡,在采集过程中视频信号没有损失,可以保证得到与原始视频源一模一样的效果,而使用模拟采集卡则视频信号会有一定程度的损失。

采集卡按照其用途可以分为广播级视频采集卡、专业级视频采集卡和民用级视频采集卡。区别主要是采集的图像指标不同。

广播级视频采集卡的最高采集分辨率一般为 768×576(均方根值)PAL 制,或 720×576(CCIR-601 值) PAL 制 25 帧/s,或 640×480/720×480 NTSC 制 30 帧/s,最小压缩比一般在 4∶1 以内。这一类产品的特点是采集的图像分辨率高,视频信噪比高,缺点是视频文件庞大,每分钟数据量至少为 200 MB。广播级模拟信号采集卡都带分量输入输出接口,用来连接 BetaCam 摄/录像机,此类设备是视频采集卡中最高档的,用于电视台制作节目。

专业级视频采集卡的级别比广播级视频采集卡的性能稍微低一些,二者的分辨率是相同的,但压缩比稍微大一些,其最小压缩比一般在 6∶1 以内,输入输出接口为 AV 复合端子与 S 端子,此类产品适用于广告公司、多媒体公司制作节目及多媒体软件。

民用级视频采集卡的动态分辨率一般最大为 384×288,PAL 制 25 帧/s。另外,有一类视频捕捉卡是比较特殊的,这就是 VCD 制作卡,从用途上来说它应该算在专业级,而从图像指标上来说它只能算作民用级产品。

2. 数字影像的输出

一段数字影像作品编辑完以后就得压缩输出了,一是输出为 AVI 格式,优点是视频质量高,缺点是占用磁盘空间大,输出时间长,并且不能直接刻录。

二是输出为 MPEG 格式,这是标准的 VCD/DVD 文件,可以直接用刻录软件如 NERO 把它们刻成可以在普通 DVD 播放机里播放的光盘,在会声会影中就可以直接输出成 MPEG 格式,但是会声会影所擅长的是编辑,在压缩输出方面却比不上专业的压缩软件,Canopus Pro Code 和 TMPGEnc 是目前业界公认的两款高清晰画质的视频压缩软件。

除了 Canopus EDIUS 和 Vegas 自带的压缩引擎压缩出的 DVD、VCD 画质达到高清晰程度,即无噪点无雪花影像不闪烁外,其余非编软件就连 Premiere6 其内置压缩、引擎压缩的视频都在画质上有缺陷。如 Premiere 和 Ulead Media Studio,还有会声会影,压缩 VCD、

DVD后，影像中若有照片加上镶边、转场效果或运动图片加边框，这个照片在运动中便会闪烁不止，抖抖嗦嗦地出来，而且照片边框有毛刺和锯齿。而用Canopus EDIUS和Vegas效果会好一些。但如果我们无论用什么非编软件编辑完后都压缩成DV＊I无损压缩格式，再用Canopus Pro Code和TMPGEnc压缩成DVD和VCD，那么就会无闪烁无雪花噪点，人们通常称影像闪烁叫鬼影，即画面背景好像有什么东西像鬼一样若隐若现。用TMPGEnc压缩时设置成高画质模式，勾选消除噪点功能选项，就可实现高画质，压缩出广播级清晰视频。Canopus Pro Code是继TMPGEnc之后的又一款高画质压缩软件，可直接压缩成合乎规范的DVD格式，也可直接刻盘，还支持1080线的高清视频压缩。两款软件都能对视频进行简单的截取，Canopus Pro Code还能进行简单的合并。Canopus EDIUS中内置了Canopus Pro Code 1.0压缩引擎，无需另外安装。

思考与练习

1. 简述数字影像“数字暗室”的特征。

2. 拍摄三种以上的不同景物，练习用Photoshop等软件进行后期编辑、合成等处理，进行“数字暗室”作品创作。

3. 了解数字影像非线性编辑的流程以及相关的软件，并练习用非线性编辑软件进行数字影像的剪辑。

第8章 数字摄影摄像创作

8.1 数字摄影与当代艺术

摄影技术的出现，对当时艺术领域的绘画艺术是一个不小的冲击，摄影对绘画的改变并不仅仅表现在对再现传统的冲击，作为一种视看方式，摄影向我们展示了观看的多种可能性（图 8-1）。

图 8-1　数字摄影创作

摄影的诞生，完全改变了这一坚固的传统，使西方艺术观念从再现写实的传统中解放出来。苏珊·桑塔格在《论摄影》中这样评价摄影对绘画的冲击："摄影所从事的就是篡夺画家的任务，提供精确地模仿现实的形象的任务。为此'画家应深表谢意'，就像许多摄影家在此之前和从那以后所表达的那样，将这种篡夺看成是事实上的解放。"

摄影在与艺术的不断对抗争执中逐渐取得了胜利，获得了在艺术领地的合法地位。今天，虽然还会有人对摄影抱有偏见，认为摄影毕竟是一种较低一级的艺术，但将摄影作为一种艺术门类已成为人们普遍认同的观念。

然而，以多媒体技术和网络技术为代表的数字时代的迅速来临，极大地动摇了传统摄影的两大基础——光学和化学。

影像作品应该是描绘现实的世界，还是表达人们内心的欲望，捕捉人们闪现的灵魂？随着摄影技术的不断发展，人们对影像的要求不仅仅是满足对光影的捕捉，开始更多地注意影像本质的东西，表达拍摄者最直接的思想。

在这样的最直接表达创作的思想的驱动下，艺术家开始尝试用各种不同的手段来创造影像。数字化的影像为艺术家提供了一个广阔的创作空间。改变现实变得非常容易，将带来一批新的天才数字艺术家，他们使用数码摄影来表达他们独特的世界观，包括它的意义、象征和神秘。数码影像技术的表现能力，早已超越传统摄影所具有的记录发现、平面透视、完美构图的图像功能，它能用多维空间的影像和超时空界限的画面来表达作者的创意和想象(图 8-2)。

图 8-2　数字摄影创作

在数字空间下，可以给摄影创作一个更加广阔的色彩表现力。数字影像在 RGB 色彩模式下，色彩的表现范围更加广阔，也就是说，使得数字摄影作品的彩色表现力和表现空间更加广阔。

8.2　数字影像创作流程

影视创作是以银幕、屏幕画面为基础的，将画面和声音相结合，是视觉和听觉的产物。它不仅需要文字和语言，更主要的是依靠视觉形象来表现影像的内容，因此它具有更生动和更直观的表现方式。

一部影像作品，要经过旋梯、构思、拍摄、剪辑、便携解说词、配音等过程，才能完成、播放。数字影像的创作过程大致可分为三个主要阶段：筹备阶段、前期拍摄阶段和后期制作阶段。

8.2.1 筹备阶段

筹备阶段就是要在创作数字影像作品前，完成所有的准备工作。首先要明确拍摄什么，这需要导演确立影像作品的主题，大致内容以及想要表达的内涵。这是整个影像作品创作的起点，是整个作品的主线。在确定了拍摄什么以后，导演就可以以拍摄主题为中心，进行剧本的写作。

8.2.2 拍摄阶段

拍摄阶段就是将剧本付诸实践和操作，实现文字向影像转化的过程，这是影视制作的中期，也是一部作品完成的关键阶段。

拍摄的基本原则如下：

（1）先外后内

拍摄时一般先拍摄外景，然后再拍摄内景。

（2）先易后难

拍摄是由各个部分协同完成的，在组成一个摄制组后，需要一段时间进行配合的协调，人员之间的“磨合”。因此先拍摄简单的内容，让整个拍摄团队充分热身，达到比较好的协作状态，再拍摄比较难的部分。

8.2.3 后期制作阶段

1. 镜头剪辑

镜头剪辑主要是针对拍摄的素材以及样片进行剪辑，这个环节不仅是技术过程，更重要的是影像艺术再创作的过程。剪辑过程一般分为粗剪、细剪和精剪三个阶段。

2. 配音

配音环节中主要是对影片的音乐创作和音效进行合成。音乐和音效如果配合得协调，会对影片的情绪和环境起到很好的渲染作用，并且提升整部影片的审美效果。

3. 其他

整个后期最终完成，还将涉及动画、字幕、特效等制作和创作。这些元素的整体协调性将会使整个影片的最终效果有一个质的飞跃，将最好的影像视觉效果呈现给观众。

8.3 数字“微影像”的创作

微电影是微时代——网络时代的电影形式，名称富有中国特色，事实上脱胎于国外早已有之的“短片”。微电影之“微”在于：微时长、微制作、微投资，以其短小、精练、灵活的形式风靡于中国互联网。

微电影兴起于草根，各种参差不齐的“小短片”来自各种相机、DV、手机，但真正把它提升到“电影”层次的，是类似“天堂鸟影像”这样的专业机构，微电影从个人自拍的随性表达，渐渐登堂入室，上升到电影的层次(图 8-3)。

图 8-3 《春娇与志明——职人微电影》(互动微电影海报)

微电影具有与商业联姻的先天基因，它神奇地把“广告”变成了“内容”，把品牌、产品通过故事和流动影像来包装、传达，可以说是一种相当高级的手段，在国外称为videomarketing(视频营销)，已经发展相当成熟，像 BMW、Levi's、Evian、SONY、NIKE、Coca-Cola、Pepsi、Apple、P&G、Durex、Bud 这些大品牌，对于视频营销已经驾轻就熟，这也是远在大洋彼岸的品牌能够远涉重洋，畅行于世界任何角落，并且深入人心的重要因素。凡是在国外被验证成功的东西，国内复制就会成功的经验屡试不爽，天堂鸟影像作为最早研究国外视频营销的机构之一，相继推出了品牌微电影、品牌故事、病毒视频、植入广告、系列网络剧等艺术与商业高度融合的影片形式，让其成为一种强有力的营销工具，逐渐为品牌商家所青睐。

相比电视广告等传统媒体，微电影营销的性价比非常高，其传播范围之广、接受度之高、传播成本之低，吸引了众多品牌商来尝试和采用微电影营销。其中有凯迪拉克、桔子酒店、梦洁家纺、周生生珠宝、网易等品牌已经成功运用了微电影营销推广自己的品牌，其微电影在各大视频网站、社交网络平台免费传播，点击率均在百万以上。与微电影接触的 80、90 后年轻群体，是各品牌商家非常看重的营销目标受众，微电影与生俱来的时尚、新潮、前卫气质，也是微电影营销、视频营销的地位在商家的营销组合中大为上升的重要因素。

“微电影”相对传统电影和电视的根本区别在于它的3“微”特征，使得过去曲高和寡的单项度的艺术殿堂回归到了真正具有互动和体验特点的、人人皆可参与的“草根秀”时代。它的低门槛、广泛性与参与互动性适合了新经济时代人们追求精神自由和互动体验交流的感性诉求，是信息技术革命下的Web3.0。

互联网延升到了移动设备，“微投影”更是“微电影”的最佳展示平台，更是将“微”特征发挥到极致！

思考与练习

1. 利用手机视频拍摄功能拍摄一段1分钟的影像，题材不限。要求在这一分钟内能够充分说明作者的拍摄内容，同时可以表达作者的创意与想法。

2. 利用数字摄像机（或小型DV、有Video拍摄功能的相机），进行5～10分钟的数字短片创作。要求由3～5人组成创作小组，完成从剧本创作，拍摄到后期整个过程。短片可以是纪实类也可以是剧情类或MV。

第 9 章 影像作品欣赏

9.1 艺术摄影

摄影的定义常以推理论证的方式给出，在一般地给出关于摄影定义第一原理以后，接着就证明推断出有关摄影分类的种种图式，最后被分离出来的若干似是而非的类别成了摄影确定性的划分(图 9-1)。这样的文字在传统摄影的理论中随处可见，信手拈来一条关于摄影的定义如下：摄影是运用光学成像等科学原理，使真实景物在平面里得到影像记录或反映的过程。

图 9-1 《水下探戈》(Katerina Bodrunova 摄)

各种艺术门类除了要受到共同的艺术规律的影响和制约外，还有各自的特点和内部规律。这是由于各类艺术塑造形象的素材和手段不同，构成形象特点也不同，所以欣赏各类艺术的规律也就不同。由于摄影艺术区别于其他艺术有其不同的艺术特征，从而决定了摄影艺术的规律，摄影艺术欣赏的要素为：基本造型因素，技术技巧，艺术表现方法，主题思想等四个方面。文学用语言塑造形象，音乐用声音表现形象，而摄影艺术则通过色彩、影调等来塑造形象。因此，欣赏摄影艺术，首先要从构图、用光、影调、色彩等基本造型因素入手，因为这些造型因素能被欣赏者直接感知，具有直观性的特点，它们是构成画面形象的基础，也是欣赏的基础，同时是欣赏者进一步感受和认识摄影作品的艺术性和思想性的前提。

其次，摄影艺术是科学与艺术的结合，每一幅照片的产生都离不开一定的技术技巧的运用。摄影技术技巧是通过不同画面效果体现出来的，它不能被欣赏者直接感知，需要具备一定的摄影知识，所以就这一点来看，它具有间接性的特点。比如拍摄跨栏运动采用平行追随的拍摄技巧，使画面出现主体清晰背景模糊，动感强烈的画面效果。如果具备一定的摄影知识，一看便知照片是运用了追随法，接着会对此法用得好否进行推敲，进而想到此法是否有利于主体思想得突出，等等，从而向更深层次去感受和认识。反之，如果并不具备摄影知识，看到照片时，只会仅仅感知到它虚实相间的动感效果，甚至可能误认为是一张拍坏了的照片。因此，具备一定的摄影知识是摄影艺术欣赏的重要条件，同时，摄影技术技巧也是欣赏艺术照片的一个重要因素，它包括最佳瞬间、气氛、神态的抓取，以及角度、质感、线条、动感的表现，等等。

第三，艺术表现方法也是欣赏艺术照片的一个重要因素，包括创作方法和艺术手段两个方面，二者不可分割。创作方法是摄影家创作时所遵循的反映现实生活塑造形象的基本原则和方法，它由作者的艺术观所决定。艺术观是指作者受一定的世界观的影响，对艺术美的总的看法，即从事创作的指导思想，它与个人所接受的艺术传统及个人的艺术修养有关。不同的艺术观就有不同的创作方法，因而就有不同风格的照片，如画意摄影、写实摄影等。艺术手法是摄影家在一定的艺术观指导下，在创作中根据主题的需要而运用的各种不同的表现手法，如夸张与对比、简洁与含蓄、寓意与象征等，摄影的艺术手法往往需要具体的摄影技巧又不等于艺术手法。摄影的艺术手法在欣赏中也具有间接性的特点，它往往借助于欣赏者的想象和联想等心理活动，来达到艺术感染的目的。

第四，任何摄影艺术作品都是内容与形式的统一，主题思想是摄影作品内容的集中体现，所以它是欣赏艺术照片的重要因素之一。摄影艺术的内容，指的是艺术照片中画面形象所反映的社会生活和自然景象，以及它所体现的思想感情，贯穿于从构思到完成作品后起标题的全过程，包括对生活的观察和题材的选择，情节的抓取和细节的刻画，主题的确立和意境的深化，时代精神和民族风格的追求，以及刻意创新等方面。一般来说，社会生活为题材的摄影作品，其主题思想较明显；自然景观为题材的摄影作品，则主题思想不明显。但是，艺术手法本身有鲜明和含蓄之分，一些风光、静物及形式感较强的作品，寄托了作者的思想感情，也是作者艺术观的体现，它所具有的意境是靠欣赏者审美经验和审美感情来体验的。

如果说以上所述前三点主要是摄影艺术的表现形式，那么第四点就是摄影艺术的内容了。这四个要素是互相联系、彼此渗透的，从不同的方面为欣赏者展现了艺术照片的内涵。

9.2 新闻摄影

新闻摄影是以摄影图片的形式对正在发生的事件进行新闻报道(图 9-2)。摄影图片是新闻摄影传播信息的主要手段，它主要依靠抓拍完成，其宗旨是说明事件，传播消息，引发影响等。此外，新闻摄影一般都附有简短的文字说明，以介绍事件发生的背景和过程等。

图 9-2　2012 普利策特写摄影奖获奖作品

新闻摄影有价值大的，有价值小的，也有没价值的，但都是新闻。新闻摄影有的多次出现，有的仅仅出现一次，在不同时期、不同地方出现有不同的价值和意义。有的事对大人物、名人来说是新闻，对一般人士而言就不是。也有相反的，发生在小人物身上反而成了头号新闻。

新闻摄影有百年不遇的，有事先深知的，有突然发生的，也有人为制造出来的，多种多样。突发性新闻最精彩但突发性新闻最难拍，因为事先没有准备，这就要看记者的素质，技术是否过硬，还有是否有随时抓拍的思想意识。

做新闻摄影要有一定的手段。首先有得心应手的相机，并且有一定的装备，如交通工具，甚至飞机等。但思想还是最重要的，没有思想意识有新闻也不一定认识，不去拍。

做新闻摄影要有信息和灵活的头脑，能吃苦，甚至要有牺牲精神。做新闻摄影的记者，在西方每年都要死几十个人。

新闻照片有很好的，大家特别喜欢的，也有不好的，大家不愿看的，看了不舒服的，但都是新闻摄影。有的新闻摄影是公式化的，完成任务型的，诸如报纸上有不少这样的照片。但也有的是没有办法，不登不行，是一种礼节。有的新闻照片生命力很短，而有的新闻照片生命力很强，甚至成了很有价值的历史，还有的照片时间越久，价值越高。

文字有时不可信，因它可以随便写。照片应是最真实的、最可信的。但现在有了电脑制作，照片也变得不可信了，它可以胡乱拼接，随意更换、挪位，而且天衣无缝，所以要防着点。

新闻摄影主要表现人。各式各样的人，在各种场合出现的人。人是最难拍的，尤其是特写镜头，若要拍出每个人的心态就更难。景比活动的人物容易拍，景是静止的，只要选好角度，用好光就行了；而活动的人却是在不断地运动着，变化着，比如一个人的脸上就有喜、怒、哀、乐多种表情。

9.3 广告摄影

广告摄影是以商品为主要拍摄对象的一种摄影，通过反映商品的形状、结构、性能、色彩和用途等特点，从而引起顾客的购买欲望。广告摄影是传播商品信息、促进商品流通的重要手段。随着商品经济的不断发展，广告已经不是单纯的商业行为，它已经成为现实生活的一面镜子，成为广告传播的一种重要手段和媒介。

广告摄影首先是摄影的一个门类，但是又与广告推销发生着密切的关系。许多人把广告摄影作品当作是纯粹的艺术摄影来看待，这其实是错误的，尽管广告摄影和艺术摄影有着千丝万缕的联系，但实际上是不同的。广告摄影的功能十分明确：为了宣传商品的形象，介绍商品的特点，引起消费者的购买欲望。在商业竞争十分激烈的时代，优秀的广告摄影作品，是增加商品竞争力的重要环节和手段。

广告摄影属于实用艺术的范畴。从现代传播功能的角度来看，广告摄影也可以称为信息传递艺术。广告摄影必须以追求实际的传达效果为目的，具有十分明确的市场目标和宣传目的，要求针对目标市场和目标用户而拍摄制作，注重实效性。广告摄影必须清晰、准确地传达信息，其评价标准虽然也重视思想性和艺术性，但更多层面上还要考虑其商业性因素（图 9-3）。

广告摄影的力量在于更多地吸引人们的注意力，引起人们对商品的购买欲望，其实用性相当明确，评价广告摄影的标准是根据整个广告推广活动终结时的结果来检查的，经济效果和社会效果是检验广告摄影的广告效果的标准。也就是说，对于广告作品的评价和预测，是根据广告在商品推销中所起的作用，始终是以市场为基础的，以消费者为中心，不能以个人感受为基础。具体地说，一张广告摄影作品，不管艺术上是多么精湛，只要它缺乏

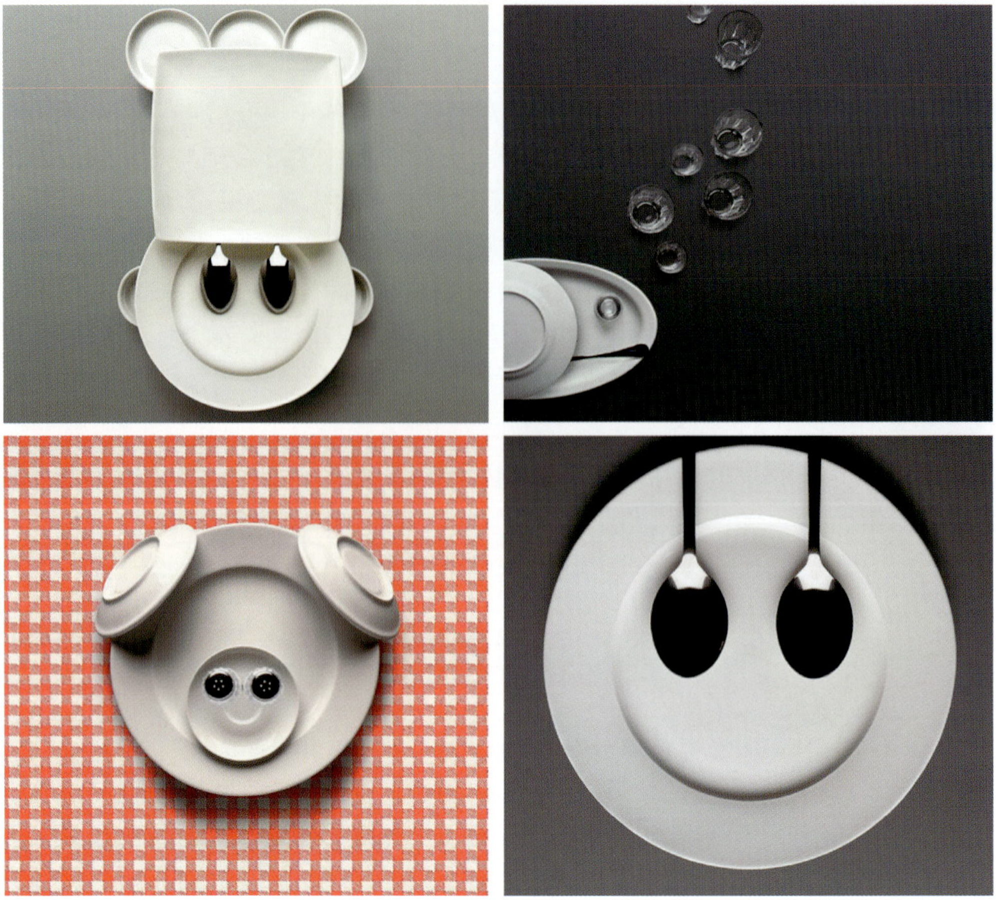

图 9-3 《创意餐具》(Jean-Francois De Witte 摄)

“推销”的力量，在进入消费者的视觉领域后，即便能够引起足够的审美效果，但是如果无法刺激消费者的具体消费欲望或者激发消费者明确的参与激情，就不能算是一张好的广告作品。而且，优秀作品所刺激的购买目的性是非常明确的，也就是具体到商家所指定的某类商品。

从摄影者的角度来看，广告摄影的构思创意要受到被宣传商品的广告策略制约，具有较大的局限性，特别是广告摄影构思和创作讲究定位定向设计，在内容的表现方面，围绕广告的目的而常常有很大的规定性。但是作为艺术摄影的构思和创意，则没有这方面的约束。艺术摄影可以追求别出心裁，有较大的自由表现空间。因此，广告摄影必须努力讲究商品的个性和风格，常常将个人的风格隐藏在后面，力求以服从商品的需要为主，否则很难达到预定的目标。

由于广告摄影作品发布必须经过具体的媒介，其效果要受到具体媒介表现方式的制约。不管摄影广告的的作品最后通过什么样的媒介发布，它都是一项综合性的集体活动(包括广告创意、美术设计、文稿写作创作过程)，是直接从属于销售推广活动，不可能单独存在。而且，从受众的角度出发，广告摄影要考虑商品的不同消费层次，或者是针对性地对不同层次的消费者进行创作。

广告摄影既不同于新闻摄影（以最简化的方式传递信息），也不同于艺术摄影（可以采用很随意的方式制作照片），它的最终目的既不是以审美为主，也不是反映摄影者的个人情感和思想，而是以传播商品信息和告意念为主要动机，迎合消费者情趣，达到促销的目的，具有明显的功利性。广告是商品竞争的前奏，因此，摄影师的思维和技巧必须先于或者同步于各种商业因素的变化，才能创新。在表现手法上，广告摄影比一般的艺术摄影更加需要丰富的技术和技巧，这是建立在如实地表现商品美感的基础上，因为商品的美感直接来自于商品本身的功能，如实地反映出商品的美，在某种程度上也就同时体现了商品的品质和功能。反过来，广告摄影要求技术和技巧的运用是尽善尽美的，因为画面上的任何微小的疏忽和失误都可能使顾客联想到商品的质量，使顾客对商品产生不信任感，从而影响商品的销售。

9.4 电影、电影流派、导演

9.4.1 DV 电影

任何艺术门类的发展都可以看作是一种新的创作范式对旧有模式的合理性颠覆，DV 纪实类节目的创作也不例外。改革开放 30 多年来中国电视领域的发展速度是以翻番来计算的，这反应在资金的巨额投入，电视市场的深度开掘，技术的不断更新，观念的持续突破。但由于宣教式专题片和“纪实主义”对 20 世纪 80 年代末至 90 年代初这一代电视人的深远影响，导致了纪实艺术在观念和创新意识上的步伐永远比技术和其他因素都要走得艰难。

众所周知，中国的纪实类节目是从“以词为主，音乐打底”的宣教时代走过来的，在进入“纪实时代”后，主要的创作手法就变成了“长镜头，跟腚拍，同期声”等等。即使进入了 21 世纪，中国的纪录片还是大都打着“纪实主义”的大旗，貌似“原生态纪录”式地在纪录片创作领域前行。但是 2008 年的 DV 创作，使我们对“纪实主义”和“原生态纪录”有了另外一种颠覆性的认识：“表现”能不能实现“再现”，即能不能达到“纪实或者原生态纪录”。

其实，纪录片这种艺术更需要个性化创作和“个体”的深度思考，更需要表现个人的主观意图。法国 FIPA 电影节秘书长让·米歇尔先生曾谈到“纪录片是一种思考方式”，看来只有凝聚了作者思考的作品才容易引起读者的共鸣。2008 年，我们看到了更多的先锋派 DV 人逐步突破“纯纪实”的自然主义怪圈，大胆地在纪录片中表达自己的情感和独特的视角。笔者认为“纪录片是最主观的客观纪录”“是作者对被摄者的人生感悟”。所以当我们发现一年比一年多的“主观表现”作品越来越多地进入纪录片领域的时候，大可不必慌张，因为这是“纪实艺术”的一种进步。

纪实是一种美学风格、一种审美态度，与纪实密不可分的真实感、真实性自然成为审美的重要标准之一。曾任哈佛大学艺术心理学教授的鲁道夫·爱因汉姆(Rudolf Arnheim)从心理学角度研究电影，在其出版的《电影作为艺术》一书中说："我们所掌握的直接经验的工具越完备，我们就越容易陷入一种危险的错觉，即意味看到就等于知道和理解。" 这句话的意思是提醒我们，对于影像艺术的理解，如果我们只停留在现象真实性的层面，则失去了由审美所带来的更丰富的内涵与意义，它更要求从本质真实、审美真实的角度去理解。

现实生活中，"客观"的标准是"仁者见仁，智者见智"，每个人由于社会经历、地域文化、教育程度、性别喜好等多重原因有各自独特的见解，同一个题材在不同编导脑中形成的是不同的概念，再经过选择、剪裁、加工，最后呈现给观众的就完全是一部凝聚着作者主观意识的"多重假定"的真实作品了。因此，对于纪实艺术的真实性特征，需要在历史与实践的动态中、在"多重假定"与接受审美等不同维度中认知与把握。因此当 2008 年，我们突然发现大量的 DV 类"表现"主观的作品出现的时候，就不会感到"吃惊"。

DV 纪录片是纪实艺术创作的主要内容之一，那么 DV 又是拍给谁看的呢？不知道有多少 DV 爱好者，或者所谓业内人士能对这个问题给出一个言之有理的答案。

DV 创作本来就是大众的"民间影像"，融入了众多的"随意化"创作理念、创作手法以及思想观念，它不是严肃的面容、阳春白雪的谈吐和不染尘事的眼神，DV 创作也不可能是完全的精英文化。所以当一名 DV 爱好者拿起 DV 的时候，拍摄或者不拍摄什么就完全取决于个人的创作观念。想"告诉你什么"或者"宣传什么思想"，拍摄者肯定会顺着他的"思想线"往下走，拍出"功利性"的节目。而另外一些 DV 爱好者则会拍出另一类"平民视点"的纪录片。

DV 创作，并不是不要主流创作，而是针对 DV 创作的个性化特点来全面论证 DV 的整体创作。DV 与所有的媒体一样，都应该是有历史责任感的，更应该是不媚俗的。但是由于 DV 创作的根基来源于"民间"，所以也不应要求拍摄"主流"的 DV 作品，但 DV 的受众人群包括一些评委也大都是"民间"的群众。

尽管 DV 是以纪实的美学风格成为历史和历史中真实的、原生态的人和事的见证，但这与取得相对广泛的普通受众的认可并不矛盾，作为一种传播行为，赢得更多的受众，意味着获取了更好的传播效果。个别 DV 作品的"曲高"，不能不说是最后"和寡"的重要原因。但是，如果我们转变观念进行创作，也许能够使"曲高"的作品达到"和众"的转变。

"电影纪录片"就是先根据现实中的一件事或者一个故事写成脚本，然后按照这个脚本，如同拍电影一样地拍纪录片。它与纪实类纪录片有以下区别：

(1) 纪录片是在纪实拍摄中写解说词，电影纪录片是在拍摄前写故事脚本；

(2) 纪录片是尊重"原生态"纪录，电影纪录片是用表演达到作者意图；

(3) 纪录片是在拍摄中寻找故事，电影纪录片是根据现实写好故事在拍摄；

(4) 纪录片杜绝使用演员，电影纪录片会根据现实使用演员进行"重演"；

(5) 纪录片多采用现场声，电影纪录片有时候甚至用拟音完成音响效果；

(6) 纪录片讲究娓娓道来,电影纪录片讲究"高潮、悬念、情节、冲突"。

在多元融合的时代,用拍故事片的手法拍纪录片,用拍纪录片的手法拍摄故事片,不存在褒贬之说,只要好看,能够愉悦大众,任何创作手段和方式都可以尝试,况且 DV 还是一种"个性化"创作的片种,它在创作方式上的驰骋,一定会给纪录片家园带来一抹清新的绿色!

9.4.2 实验影像

20 世纪 30 年代开始以美国为中心发展起来的非商业性电影,主要是用 16 mm 胶片拍摄的影片,没有传统的故事情节,主要表现风格是超现实主义和抽象主义。60 年代中期地下电影运动蔓延到西欧之后,人们便绝少使用"实验电影"一词,而代之以"地下电影"。

实验电影可以分为形式实验和内容实验。形式上的实验就是对视听语言的实验,研究电影未知的可能性,在手法上是反传统的,所以也是反叙事的。内容上的实验现在已经走到了尽头,因为人类意识形态的最高级是哲学,而一个先锋的哲学思想要被人理解必有一个与其匹配得天衣无缝的形式表达出来,所以很多内容上的实验电影都是因为没表达出来而失败的。

"实验"的拍摄和制作目的就是导演希望观众能有更加主动和更加具有思考空间的观看体验。这类影片大多数制作成本极低,制作团队的成员也是少之又少,多数的情况是整个电影的所有工作都由导演一人完成。实验电影一般是指拍摄风格和制作方式与主流的商业和纪录片相异甚至对立的影片。

当人们论及实验电影的时候,它经常被形容为"先锋的",而早先人们也用"地下的"这样模糊而宽泛的定义来试图概括这种具有独特风格的电影。实际上,"实验电影"一词中的"实验"就很好地描述了这类电影的一些显著特征, 比如非常规的叙事顺序,刻意使观众注意力疏离影像的拍摄剪辑技巧(如故意的失焦,在胶片上弄上挂擦的痕迹,快速的剪辑),不同步的声音甚至完全没有声音的处理方式,等等。

前溯至 20 世纪 60 年代以及随后的几年里, 很多实验电影的艺术审美取向就与当时的社会主流文化背道而驰。

实验电影的定义其实也一直被争论。因为现在很多的"实验电影"实际上一点都不"实验"了, 而一般大众看来缺乏故事情节,追求诗意化和印象派化的画面和叙述风格这些有很明显特征的影片类型就被认为是所谓的"实验电影"了。

9.4.3 实验影像的特点

(1) 不追求利润回报,影像长度多数在半小时以下。

(2) 一般没有剧本,能完全控制创作各个环节,没有叙事结构(剪辑打破连贯,流畅)。狂乱、快速的剪辑风格。时空关系是主观的、心理的。

(3) 尝试许多表现主义方法。视觉上用浓缩、省略的方法。

(4) 很少使用同期声。

(5) 创造、臆测主观形式，强调内在冲动和情感表达。

(6) 前卫，超前思想。

9.4.4 实验影像对商业传媒的影响

尽管实验电影一直仅为一些先锋艺术家、学院的研究学习者和业内人员所知，但它的理念对现今电影摄影、视觉特效和剪辑的影响却如几十年前对主流文化的冲击和颠覆同样深远。

很多实验电影的技巧已经为一些商业的音乐录影所借鉴和采用。影视片头设计和电视广告制作更是深受实验电影的影响。许多实验电影艺术家同样也制作拍摄普通的剧情片，反之拍摄剧情片的导演也常尝试实验电影。他们在实验电影中表现的审美情趣与在主流商业制作的剧情片中呈现的相去甚远。这不禁让人深思实验电影所一直坚持的对主流文化的不妥协立场的影响。

9.5 推荐优秀影视制作相关网站

9.5.1 国内

视觉同盟 http://www.visionunion.com/

视觉中国 http://static.chinavisual.com/storage/sites/index.shtml

艺术中国 http://art.china.cn/

火星网 http://vfx.hxsd.com/

中国摄影与摄像网 http://www.365syx.com/

中国摄影家协会 http://www.cpanet.cn/cms/index.html

色影无忌 http://www.xitek.com/

POCO http://photo.poco.cn/

迪派摄影 http://www.dpnet.com.cn/

新摄影 http://www.nphoto.net/

中国摄影在线 http://www.cphoto.net/

蜂鸟网 http://www.fengniao.com/

摄影家手札(台湾摄影网) http://www.photosharp.com.tw/Photosharp20/

设计中国论坛(后期处理) http://www.photoshopcn.com/

中央新影集团 http://www.cndfilm.com/01/index.shtml

中国影视后期部落 http://www.5yh7.com/

9.5.2 国外

美国国家地理 http://www.nationalgeographic.com/

纽约电影学院 http://www.nyfa.edu/

photo.net http://photo.net/

photosig http://www.photosig.com/go/main

deviantart(另类艺术) http://browse.deviantart.com/photography/

MAGNUM PHOTOS(马格南图片) http://www.magnumphotos.com/Archive/C.aspx?VP=XSpecific_MAG.AgencyHome_VPage&pid=2K7O3R1VX08V

Ilse Moore 南非女摄影师,擅长水下摄影 http://www.ilsemoore.com/

4eyesphoto(四只眼图片)由 Bernardo 和 Tomas Medina 父子创办的摄影小组,Bernardo 的作品被全球的图书、杂志和印刷品广泛采用 http://4eyesphoto.com/

4eyesphotocontest(四只眼图片竞赛网) http://4eyesphotocontest.com/index.php

Dave Nitsche 美国概念摄影师 http://www.davenitsche.net/

Marcin Stawiarz 波兰实验摄影师 http://www.stawiarz.com/

1Andy Mumford 葡萄牙风光摄影师 http://www.andymumford.com/

Mary Kay 德国摄影师 http://justeline.daportfolio.com/

参 考 文 献

[1] 詹青龙,袁东斌,刘光勇.数字摄影与摄像[M].北京:清华大学出版社,2011.

[2] 顾欣.摄像与影像创作[M].上海:上海人民美术出版社,2009.

[3] [英]迈克尔·兰福特.摄影向导[M].陆柱国,译.上海:上海人民美术出版社,1996.

[3] 美国纽约摄影学院.美国纽约摄影学院——摄影教材[M].中国摄影出版社,译.北京:中国摄影出版社,2010.

[4] [美]莱斯利·施特勒贝尔,霍斯利·托德,理查德·D·扎基亚.摄影师的视觉感受[M].北京:中国摄影出版社,2003.

[5] [英]杰里米·韦布.摄影中的设计[M].北京:中国青年出版社,2011.

[6] [美]布莱恩·斯托夫(Brian Stoppee),简妮特·斯托夫(Janet Stoppee).光的语言[M].北京:世界图书出版公司,2012.

[7] [英]大卫·普拉克尔.LIGHTING 摄影用光[M].陈小波,译.北京:中国青年出版社,2007.

[8] 杰里米·温尼尔德,何塞·科鲁兹.电影镜头入门[M].张铭,等译.北京:世界图书出版社,2011.

[9] 林韬.影像的创造[M].北京:电子工业出版社,2012.

[10] 琳恩·拉里·沃德.拍电影一现在影像制作教程[M].廖意苍,等译.北京:世界图书出版社,2007.